KB042839

유클리드가 만든 평면도형

익히기

02 유클리드가 만든 평면도형

익히기

초판 1쇄 발행일 | 2007년 11월 10일
초판 6쇄 발행일 | 2019년 6월 14일

지은이 | 김태완
펴낸이 | 정은영
펴낸곳 | (주)자음과모음

출판등록 | 2001년 11월 28일 제2001-000259호
주소 | 04047 서울시 마포구 양화로6길 49
전화 | 편집부 (02)324-2347, 영업부 (02)325-6047
팩스 | 편집부 (02)324-2348, 영업부 (02)2648-1311
e-mail | jamoteen@jamobook.com

ISBN 978-89-544-1705-1 (04410)

천재들이 만든
수학퍼즐 익히기

김태완(M&G영재수학연구소) 지음

2
유클리드가 만든 평면도형

㈜자음과모음

'단위넓이'를 1칸으로 하여 다음 도형의 넓이를 구하고
자 합니다. 잘 생각하고 물음에 답하시오.

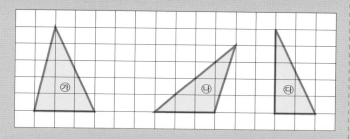

① 단위넓이의 개수를 세기 위해 ㉠, ㉡, ㉢ 도형의 모양
을 어떻게 변환하면 좋을지 그림을 그려 봅시다.

② 도형의 넓이가 큰 순서대로 써 보시오.

순서 :　　　　　⇒　　　　　⇒

정답 ① ㉮, ㉯, ㉰ 삼각형을 먼저 아래 색칠한 사각
형, 즉 두 배의 넓이로 만든 다음 2로 나누면
단위넓이의 개수를 알 수 있습니다.

㉮의 단위넓이 개수는 $3 \times 5 \div 2 = 7.5$개

㉯의 단위넓이 개수는 $(4 \times 4 \div 2) - (1 \times 4 \div 2)$
$= 6$개

㉰의 단위넓이 개수는 $2 \times 5 \div 2 = 5$개

특히, ㉯의 경우는 먼저 삼각형을 점선까지 늘
인 다음 이 삼각형의 넓이를 구하고, 다시 늘
인 크기만큼 빼면 됩니다.

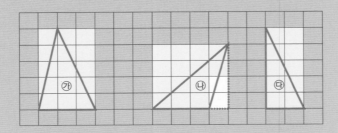

② 넓이가 큰 순서부터 : ㉮ ⟹ ㉯ ⟹ ㉰

'단위넓이'를 1칸으로 하여 다음 도형의 넓이를 구하고
자 합니다. 잘 생각하고 물음에 답하시오.

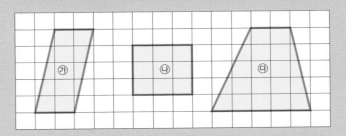

① 단위넓이의 개수를 세기 위해 ㉮, ㉯, ㉰ 도형의 모
   양을 어떻게 변환하면 좋을지 그림을 그려 보세요.

② 도형의 넓이가 큰 순서대로 써 보시오.

   순서 :   ⇒   ⇒

풀이 2

정답 ① 아래 ㉮, ㉯, ㉰의 모양을 단위넓이로 셀 수
있도록 아래 색칠한 직사각형으로 바꿉니다.
특히 ㉮도형은 점선 부위의 삼각형 모양을 왼
쪽으로 옮겨 조각을 맞추고, ㉰도형은 하나의
직사각형과 두 개의 삼각형으로 구분한 뒤, 각
각의 단위넓이의 개수를 구하면 됩니다.

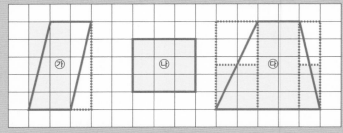

② 단위넓이의 개수는 다음과 같습니다.

㉮는 $2 \times 5 = 10$개

㉯는 $3 \times 3 = 9$개

㉰는 $2 \times 2.5 + 2 \times 5 + 1 \times 2.5 = 17.5$개

넓이가 큰 순서부터 : ㉰ ⇒ ㉮ ⇒ ㉯

다음과 같이 직각삼각형 모양의 땅이 있습니다. 아래의
긴 밧줄로 모양이 같은 직각삼각형을 만들고자 합니다.
각 변의 길이의 비가 3:4:5라고 할 때, 밧줄을 어떻게
나누면 되는지 설명해 보시오.

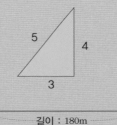

길이 : 180m

𝓐.

_____

_____

_____

정답 180m 밧줄의 길이를 3:4:5의 비로 나누기 때문
에 전체를 3+4+5=12, 즉 12등분으로 나눕니다.
그러므로 한 등분의 길이는 180÷12=15m입니
다. 따라서 아래 삼각형의 비는 오른쪽 그림의 길
이로 만들 수 있습니다.

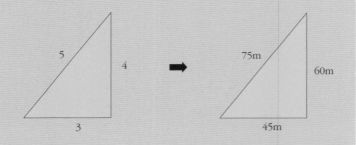

고대 이집트인들은 원의 넓이를 '원지름의 $\frac{1}{9}$ 을 잘라낸 나머지 길이를 한 변으로 하는 정사각형의 넓이와 같다' 라고 생각하여 넓이를 계산하였습니다. 다음 원의 넓이를 이와 같은 방법으로 구해 보시오.

2cm
2cm

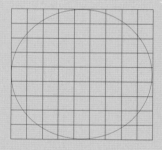

𝒜.

정답 원의 넓이는 지름의 $\frac{1}{9}$을 잘라 낸 길이를 한 변으로 하는 정사각형의 넓이이므로, 위 그림에서 원의 지름의 길이는 9칸, 즉 18cm입니다.

여기서 $\frac{1}{9}$을 잘라 내면 16cm가 되므로 원의 넓이는 $16 \times 16 = 256$cm²가 됩니다.

☐ 2cm
2cm

이등변삼각형의 닮은꼴 성질을 이용하면 사물의 크기를 간접적으로 잴 수 있습니다.
이러한 성질을 이용하여 오른쪽 나무의 키가 얼마인지 구해 보시오.

조건

① 왼쪽 작은 나무의 키는 1m입니다.
② 현재 왼쪽 나무의 키와 그림자의 길이는 같습니다.
③ 오른쪽 나무의 그림자 길이는 3m입니다.

A.

정답 아래 그림에서 나무와 그림자의 끝을 직선으로 연
결하면 직각삼각형이 됩니다. 그리고 왼쪽 나무의
키와 그림자의 길이는 1m이고, 오른쪽 나무의 그
림자 길이는 3m입니다. 태양이 같은 시각에 비추
므로 오른쪽 역시 나무의 크기와 그림자의 크기가
같습니다. 그러므로 오른쪽 나무의 크기는 3m입
니다.

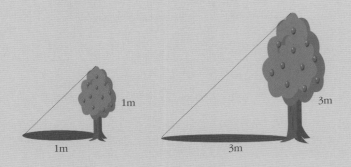

다음 탱그램을 이용하여 여우 모양의 퍼즐을 채우고 색
연필로 표시해 보시오.

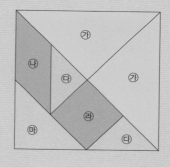

풀이 6

정답 먼저 크기가 가장 큰 조각과, 조각의 위치가 분명한 것부터 하나씩 빈틈없이 끼워 맞춥니다.

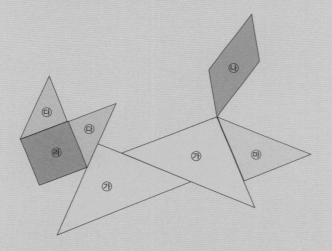

크기가 작은 도형 4개로 모양이 같은 큰 도형을 채우고 있습니다. 나머지 3개가 위치할 곳에 선을 그어 완성해 봅시다.

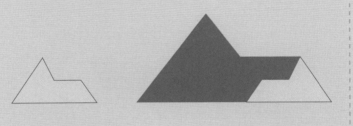

정답 전체 도형 속에 같은 도형 4개가 빈틈없이 들어가
야 하므로, 모양을 다양하게 뒤집거나 돌려 보는 활
동을 통해 끼워 맞춥니다.

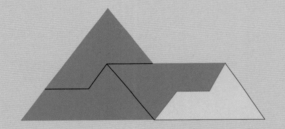

다음 그림은 그리스 수학자 탈레스가 삼각형의 합동에 관한 정리를 이용하여 해상에 떠 있는 배의 위치를 측정하는 방법을 나타낸 것입니다.

밑줄 친 부분에 측정 순서를 써 보시오.

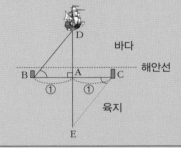

순서

① 바닷가에 떠 있는 배와 같은 일직선상에 있는 점 A의 위치를 정한다.

② 적당한 거리를 ①만큼 두고 그림에서처럼 말뚝 B를 세운다.

③ _____

④ ∠DBA와 똑같은 크기만큼 ∠ACE를 잰 후, 그림처럼 선을 그으면 점 E와 만나게 된다.

⑤ _____

풀이 8

정답

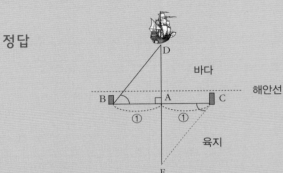

측정 순서

① 바닷가에 떠 있는 배와 같은 일직선상에 있는 점 A의
위치를 정한다.

② 적당한 거리를 ①만큼 두고 그림에서처럼 말뚝 B를 세운다.

③ 점 A에서 B까지의 거리만큼 반대편에 말뚝 C를 세운다.

④ ∠DBA와 똑같은 크기만큼 ∠ACE를 잰 후, 그림처럼
선을 그으면 점 E와 만나게 된다.

⑤ 그림에서 삼각형 ABD와 삼각형 ACE는 한 변의 길이와 양
끝각의 크기가 같으므로 합동이다. 따라서 점 A에서 점 E까
지의 거리는 배에서 점 A까지의 거리와 같다.

다음은 정사각형 내부의 중점을 연결하여 또 다른 정사
각형을 연속적으로 그린 그림입니다. 가장 바깥쪽 정사
각형의 한 변의 길이가 8cm일 때, 색칠한 부분의 넓이
를 구해 보시오.

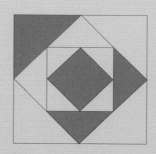

A.

정답 가장 큰 사각형의 한 변의 길이가 8cm이므로, 아
래 직각삼각형의 넓이는 $4 \times 4 \div 2 = 8cm^2$이고, 오
른쪽 삼각형 2개를 연결한 넓이와 같습니다. 마름
모의 넓이 역시 작은 삼각형 2개를 연결한 넓이와
같습니다.

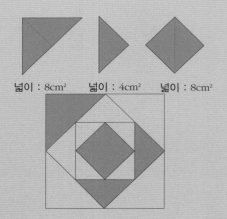

넓이 : $8cm^2$ 넓이 : $4cm^2$ 넓이 : $8cm^2$

그러므로 색칠한 부분의 넓이는 $8+8+4+4=24cm^2$
입니다.

다음은 탈레스가 수학적으로 증명한 명제명백한 사실에 해당입니다. 아래 그림을 참고로 하여 '맞꼭지각의 크기는 서로 같다' 라는 명제를 수학적으로 설명증명해 보시오.

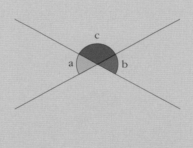

A.

풀이 10

정답 직선 ①에서 ∠a+∠c=180° 이고

직선 ②에서 ∠b+∠c=180° 입니다.

여기서 ∠a=180° − ∠c가 되고,

∠b=180° − ∠c가 됩니다.

그러므로 ∠a와 ∠b의 크기는 같습니다.

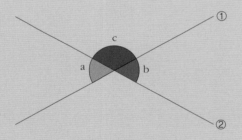

다음 그림처럼 삼각형이 이등변삼각형일 때, 이등변삼각형의 두 밑각의 크기는 서로 같습니다. □안에 알맞은 말을 넣고 그 이유를 설명하시오.

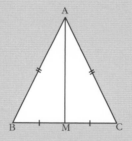

먼저, 삼각형 ABM과 삼각형 ACM에서

변 AB=변 □ ⋯⋯⋯⋯⋯①

변 BM=변 □ ⋯⋯⋯⋯⋯②

AM은 공통인 변 ⋯⋯⋯ ③

①, ②, ③에서 대응하는 세 변의 길이가 같으므로 삼각형 ABM과 삼각형 ACM은 □입니다. 그러므로 두 밑각 B와 C의 크기는 같습니다.

정답 이등변삼각형은 두 변의 길이가 같은 삼각형을 말
하고, 반으로 접었을 때 포개어집니다. 그러므로,

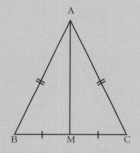

먼저, 삼각형 ABM과 삼각형 ACM에서

변 AB=변 AC ――――――――①

변 BM=변 CM ――――――②

AM은 공통인 변――――――③

①, ②, ③에서 대응하는 세 변의 길이가 같으므
로, 삼각형 ABM과 삼각형 ACM은 합동 입니다.
그러므로 두 밑각 B와 C의 크기는 같습니다.

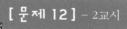

삼각형 중에서 두 변의 길이가 같은 삼각형을 이등변삼 각형이라고 합니다. 다음 도형에서 크기가 다른 이등변 삼각형은 모두 몇 종류가 나오는지 그려 보시오.

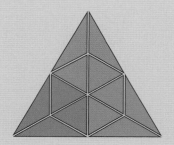

정답 빗변의 길이가 가장 큰 이등변삼각형부터 살펴보면, 크기가 다른 4종류의 이등변삼각형이 나옵니다.

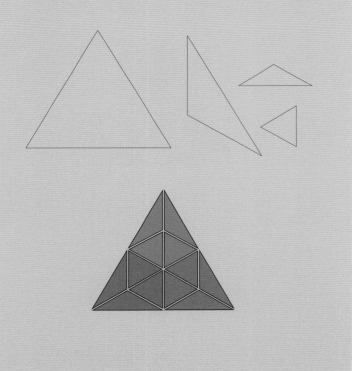

다음 그림에서 선분 가, 나, 다가 모두 평행할 때, 각 ㉠의 크기가 얼마인지 구하시오.

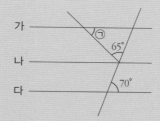

풀이 13

정답 선분 가, 나, 다 모두 평행하므로

아래 그림에서처럼 $\angle \bigcirc + 65° + 70° = 180°$ 입니다.

따라서 각 $\bigcirc$은 $45°$ 입니다.

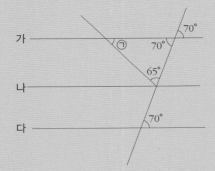

세 개 이상의 선분으로 둘러싸인 도형을 다각형이라 하고, 다각형의 가장 기본이 되는 도형은 삼각형입니다. 다음 다각형을 보고 물음에 답하시오.

① 위의 다각형들은 각각 몇 개의 삼각형으로 나눌 수 있습니까?

② 다각형의 내각의 합을 어떻게 구할 수 있습니까?

③ 위의 조건들로 아래 표를 완성하고, 그 안에 숨어 있는 규칙들을 발견해 보세요.

다각형	나누어진 삼각형의 개수	내각의 합
삼각형		
사각형		
오각형		
육각형		
…		
□각형		

풀이 14

정답

① 위의 다각형들은 각각 1개, 2개, 3개, 4개의 삼
  각형으로 나눌 수 있습니다.

② 삼각형의 개수에 각각 180°를 곱합니다.

③

다각형	나누어진 삼각형의 개수	내각의 합
삼각형	1	180°
사각형	2	360°
오각형	3	540°
육각형	4	720°
	...	...
□각형	□−2	$180° \times (□−2)$

정삼각형의 각 변을 완전히 붙여서 만들 수 있는 도형을 찾고 있습니다. 아래 그림은 정삼각형 3개를 변끼리 붙여서 만든 도형입니다. 이를 참고하여 정삼각형 4개를 변끼리 붙여서 만들 수 있는 도형을 그림으로 모두 나타내 보시오. 단, 뒤집거나 돌려서 같은 것은 하나로 간주합니다.

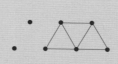

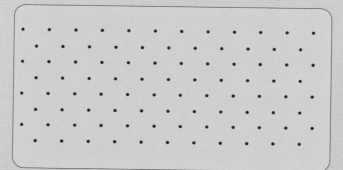

정답 각 도형의 변끼리 붙어 있어야 하고, 뒤집거나 돌
려서 같은 것은 하나로 간주한다는 점을 유의해야
하므로, 3개의 도형을 만들 수 있습니다.

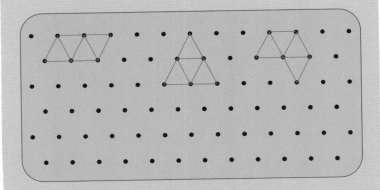

다음 그림과 같이 **13**이 쓰인 카드를 책상 위에 놓고, 거울을 그 옆에 세웠습니다. 화살표 방향에서 거울을 볼 때, 거울에 비친 그림을 그려 보시오.

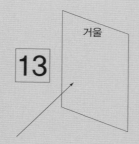

정답 화살표 방향에서 거울을 볼 때, 거울에 비친 그림은
뒤집었을 때의 모양과 같으므로 다음과 같습니다.

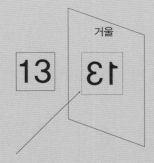

거울

다음 그림에서 선을 따라 그릴 수 있는 모양이 다른 직사각형이 모두 몇 개 나오는지 그려 보시오. 단, 돌려서 같은 모양은 하나로 간주합니다.

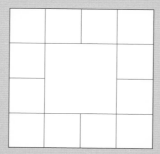

풀이 17

정답 선을 따라 그릴 수 있는 모양이 다른 직사각형은 모
두 10개입니다. 크기가 가장 작은 정사각형을 1×1
이라 생각하면,

① 가로의 길이가 한 칸인
경우는 4개

② 가로의 길이가 두 칸인
경우는 3개

③ 가로의 길이가 세 칸인
경우는 2개

④ 가로의 길이가 네 칸인
경우는 1개

[문제 18] - 3교시

다음은 정사각형을 2개로 분할하는 활동입니다. 어떻게 하면 자르는 길이를 가장 길게 할 수 있는지 색연필로 그려 보시오.

정답 주어진 길을 지날 때 최대한 겹치지 않도록 정사각
형의 가운데 점인 O를 중심으로 두 도형이 서로
대칭을 이루면서 분할 활동을 하되, 분할하는 선의
길이를 최대한 길게 해야 한다는 점에 유의해야 합
니다.

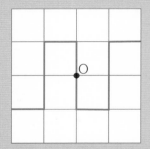

[문제 19] - 3교시

다음은 정사각형을 4개로 분할하는 활동입니다. 어떻게
하면 쉽게 4등분할 수 있는지 색연필로 다양하게 그려
보고, 그 방법을 설명해 보시오.

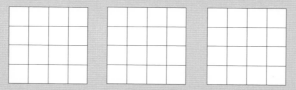

A.

풀이 19

정답 분할한 4개의 면이 나눈 선을 중심으로 서로 대
칭이 되게 분할합니다.

다음 그림에서 성냥개비로 둘러싸인 삼각형을 합동인 도형 3개로 분할하려고 합니다. 성냥개비를 추가로 3개만 이용하여 분할하려면 성냥개비를 어느 위치에 놓아야 하는지 그림을 그려 보시오.

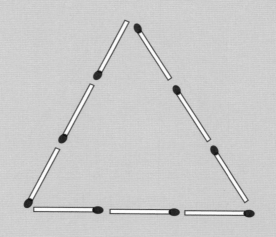

정답 성냥개비로 둘러싸인 정삼각형 각 변의 중점에 아래 그림처럼 성냥개비를 수직으로 세워 연결하면, 넓이가 같은 사각형 3개로 나눌 수 있습니다.

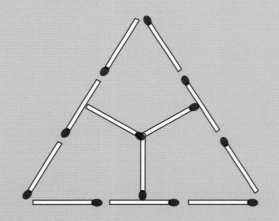

다음 기하판 내에서 점을 꼭지점으로 하는 평행사변형을 만들려고 합니다. 돌리거나 뒤집어서 겹쳐지는 것을 같은 것으로 볼 때, 만들 수 있는 평행사변형은 모두 몇 개인지 구하시오.

```
•   •   •

•   •   •

•   •   •
```

풀이 21

정답 평행사변형은 마주 보는 두 변이 평행한 사각형이
므로 6개입니다.

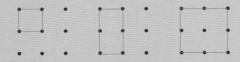

다음 그림은 기하판 위에 점들을 연결하여 영어 문자를 쓴 것입니다. 평행한 두 선분과 수직인 선분 모두를 가진 문자는 몇 개인지 고르시오.

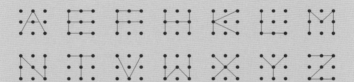

정답 평행한 두 선분과 수직인 선분을 모두 가진 문자
는 E, F, H로 모두 3개입니다.

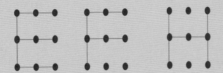

다음 도형은 정사각형 4개를 이어 붙여 큰 정사각형을
만들고 그 대각선을 그린 것입니다. 이 도형에 들어 있
는 직각은 모두 몇 개인지 구하시오.

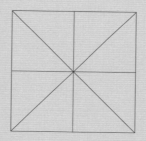

정답 작은 정사각형에 있는 직각은 모두 16개이고, 대각
선에서 나오는 직각은 4개이므로 모두 20개입니다.

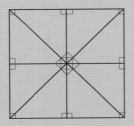

[문제 24] – 4교시

다음 그림은 90°를 3등분하는 작도 과정을 나타낸 순서
입니다. 다음 빈칸에 어떠한 과정이 들어가야 하는지 직
접 그리고 설명하시오.

작도 과정	설 명

정답

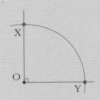

① 점 O를 중심으로 하는 원을 그립니다. 선분들과 원이 만나는 교점을 X, Y라고 합시다.

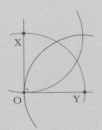

② 점 X를 중심으로 선분 XO를 반지름으로 하는 원을 그리고, 마찬가지로 점 Y를 중심으로 선분 YO를 반지름으로 하는 원을 그립니다.

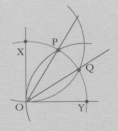

③ 위의 과정에서 두 개의 원을 그렸을 때 중심이 O인 원과 만나는 교점을 P, Q라고 했을 때 선분 OP, OQ를 연결해 주면 90° 의 3등분 작도가 완성됩니다.

다음은 선분의 수직이등분선을 작도하는 과정을 나타낸 것입니다. 아래 설명을 참고하여 순서대로 직접 작도해 보시오.

작도 과정

① 길이가 10cm인 선분 AB를 긋습니다.

② 점 A를 중심으로 반지름이 5cm보다 크고 10cm보다 작은 원 하나를 그립니다. 마찬가지로 점 B를 중심으로 똑같은 크기의 원을 그립니다.

③ 두 원의 교점을 지나는 선분을 긋습니다. 이때 이 선분은 선분 AB의 수직이등분선이 됩니다.

정답 〈선분의 수직이등분선 작도법〉

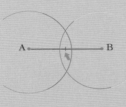

① 점 A를 중심으로 원 하나를 그려 줍니다. 이때 주의할 점은 선분 AB와 원이 교차하는 부분은 AB 길이의 반보다 더 커야 합니다. 마찬가지 원리로 B를 중심으로 하는 원 하나를 그려 줍니다.

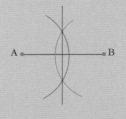

② A, B를 중심으로 한 원을 그렸을 때 생기는 두 개의 교점이 있습니다. 그 두 점을 지나도록 선분을 그어 주면 선분의 수직이등분선 작도가 완성됩니다.

다음 그림은 각의 이등분선 작도 과정을 나타낸 것입니다. 아래 설명을 참고하여 순서대로 직접 작도해 보시오.

작도 과정

① ∠XOP에서 점 O를 중심으로 원을 그립니다. 그리고 선분과 만나는 점을 각각 A, B라 합니다.

② 점 B를 중심으로 하는 원을 한 바퀴 그립니다.

③ 반지름을 같게 하여 점 A를 중심으로 크기가 같은 원을 그린 후 두 원의 교점을 지나는 선분을 긋습니다. 이때 이 선분은 ∠XOP의 이등분선이 됩니다.

정답 각의 이등분선 작도법

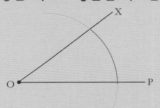

① 점 O를 중심으로 원을 그립니다.

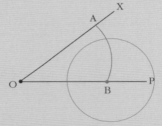

② 점 B를 중심으로 하는 원을 한 바퀴 그립니다.

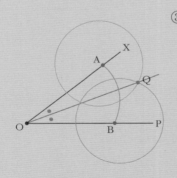

③ 점 A를 중심으로 하는 원을 한 바퀴 그리고파란색 원과 반지름 길이가 같아야 합니다. 두 원의 교점분홍색 원과 파란색 원중 한 점을 Q라 할 때, 점 OQ를 연결하면 각의 이등분선 작도가 완성됩니다.

[문제 27] - 4교시

삼각형의 세 각의 합은 180°이고, 한 외각의 크기는 180°에서 내각을 빼면 됩니다. 아래 그림은 직각삼각형 모양의 종이를 접은 것입니다. 접은 부분의 크기를 생각하며 각 ㉮의 크기는 몇 도인지 구해 보시오.

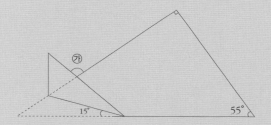

정답 삼각형의 세 각의 합은 180°이고 한 외각의 크기
는 180°에서 이웃하지 않는 내각의 합을 빼면 되
므로, 각 ㉮의 크기는 35° + 80° =115° 입니다.

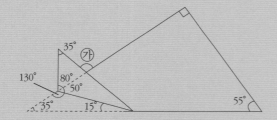

다음 사진은 어떠한 틈이나 포개짐 없이 평면이나 공간을
합동인 도형으로 완벽하게 덮은 테셀레이션tessellation입
니다. 그 기본이 되는 도형을 그려 보시오.

정답 기본 도형은 테셀레이션에서 반복되는 도형을 뜻합니다.

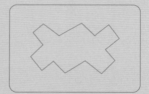

다음 사진은 자연 속 테셀레이션 현상의 대표적 예인 벌집 입니다. 벌들은 자신들이 살아가기 위한 최상의 환경을 만들기 위해 테셀레이션 원리를 응용했습니다. 벌집의 테셀레이션은 어떤 도형으로 이루어져 있는지 그려 보시오.

▶

정답 벌집은 정육각형 모양으로 테셀레이션을 이룹니다.

테셀레이션 그림

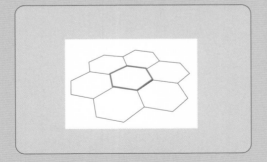

다음 그림은 인류가 탄생시킨 문화 가운데 테셀레이션의 원리가 들어 있는 것들입니다. 그림에서 테셀레이션의 기본이 되는 도형을 찾아 그려 보시오.

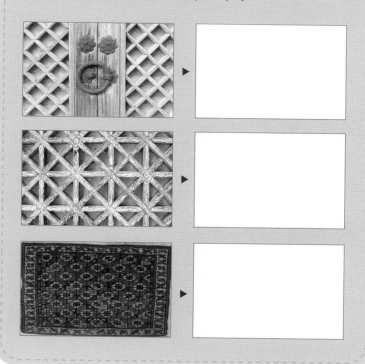

풀이 30

정답 테셀레이션에서 기본 도형은 반복되는 도형을 뜻
합니다.

다음 그림은 지구에서 살아가는 다양한 생명체들이 어떻게 대칭을 이루고 있는지를 나타낸 그림입니다. 대칭이 되는 곳에 대칭선을 그어 보시오.

정답 대칭선은 대칭이 되는 기준선으로, 이 대칭선을 중심으로 접었을 경우 같은 모양을 이룹니다.

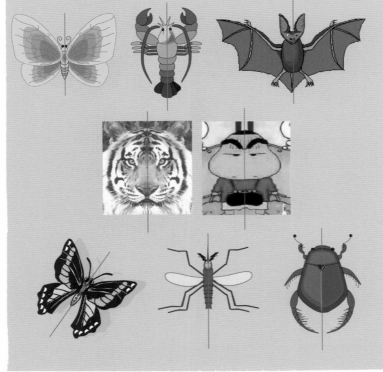

데칼코마니는 어떠한 무늬를 종이에 찍어 얇은 막을 이루
게 한 뒤 다른 표면에 똑같이 찍어 내는 회화 기법으로,
수학에서 다루는 대칭의 원리가 숨어 있습니다. 이 대칭의
원리를 이용하여 다음 작품을 색연필로 완성해 보시오.

정답 데칼코마니는 어떠한 무늬를 종이에 찍어 얇은 막
     을 이루게 한 뒤 다른 표면에 똑같이 옮기는 작품
     으로, 대칭축을 중심으로 접었을 때 똑같은 모양
     이 돼야 합니다.

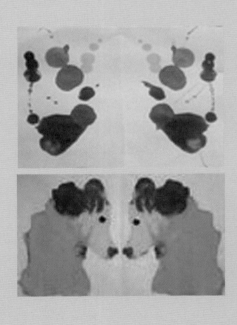

다음 그림은 세계 여러 나라의 국기입니다. 이들 국기 속에는 대칭의 원리가 숨어 있습니다. 어떻게 대칭을 이루고 있는지, 그 특징을 찾아 대칭이 되는 곳에 선을 그어 보시오.

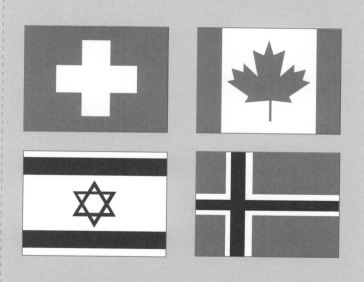

정답 대칭선은 대칭이 되는 기준선으로, 이 대칭선을 중
심으로 접었을 경우 좌우 혹은 상하가 포개집니다.

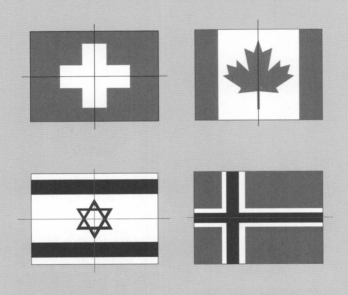

인간이 만든 가장 위대한 창조물 가운데 하나인 인도–아라비아 숫자입니다. 아래 숫자들 중에서 선대칭의 원리가 숨어 있는 숫자들을 살펴보고, 대칭선을 그어 보시오.

0 1 2 3 4
5 6 7 8 9

정답 선대칭이란 대칭축을 중심으로 접었을 때 겹쳐지
는 경우를 뜻하며, 선대칭도형은 대칭축을 중심으
로 접었을 때 완전히 포개어집니다.

0 1 2 3 4

5 6 7 8 9

다음 기하판에 둘레의 길이의 합이 12cm인 직사각형을 모두 그리고, 어떤 경우에 넓이가 가장 좁고, 어떤 경우에 가장 넓은지 설명하시오.

1cm²

𝓐.

정답 둘레의 길이가 12cm가 되는 경우는 가로와 세로가 1cm와 5cm인 경우, 2cm와 4cm인 경우, 3cm와 3cm인 경우가 있습니다. 여기서 가로 세로의 길이 차이가 가장 클 경우 넓이가 작아지고, 가로 세로의 길이 차이가 없을수록 넓이가 넓어집니다.

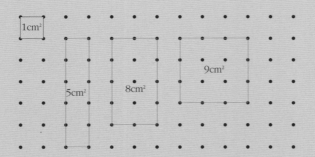

단, 뒤집거나 돌렸을 때 모양이 같은 경우는 하나로 취급하므로 모두 3가지 경우가 있습니다. 가로와 세로의 길이가 같을 때 넓이가 가장 넓고, 가로와 세로의 길이 차이가 가장 큰 경우에 넓이가 가장 좁습니다.

다음 기하판에 넓이가 $6cm^2$인 직각삼각형을 모두 그려 보시오. 단, 뒤집거나 돌렸을 때 모양이 같은 경우는 하나만 그리시오.

1cm²

정답 직각삼각형이 되는 경우는 아래와 같습니다.

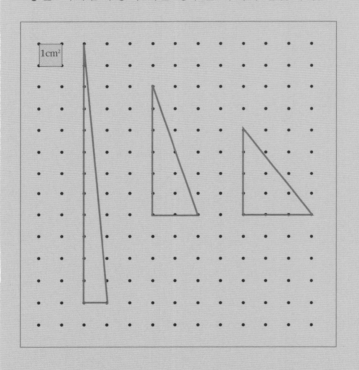

1cm²

'단위넓이'를 1칸으로 하여 도형의 넓이를 구하고자 합니다. 잘 생각하고 다음 물음에 답하시오.

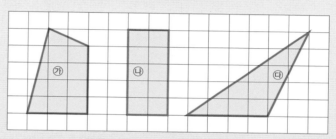

① 단위넓이의 개수를 세기 위해 ㉮, ㉯, ㉰ 도형의 모양을 어떻게 변환하면 좋을지 그림을 그려 보시오.

② 도형의 넓이가 큰 순서대로 말해 보시오.

순서 :   ⇒   ⇒

풀이 1

정답

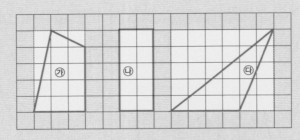

① 단위넓이의 개수를 세기 위해 ㉮, ㉯, ㉰ 도형
을 먼저 점선과 같이 사각형으로 만든 다음, 삼
각형을 빼 줍니다.

㉮의 넓이는 $3 \times 5 - 1 \times 5 \div 2 - 1 \times 2 \div 2$

$= 15 - 2.5 - 1 = 11.5$

㉯의 넓이는 $2 \times 5 = 10$

㉰의 넓이는 $6 \times 5 - 6 \times 5 \div 2 - 2 \times 5 \div 2$

$= 30 - 15 - 5 = 10$

② 넓이가 큰 순서부터

㉮ ⇒ ㉯ = ㉰

그리스 수학자 탈레스가 증명한 여러 가지 명제 중에서 '맞꼭지각의 크기는 서로 같다'를 이용하여 다음 그림의 $\angle x$, $\angle y$의 크기를 구하고, 그 이유를 설명하시오.

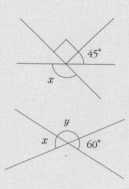

A.

정답 ∠x+45°=180° 이므로 ∠x는 135° 입니다.

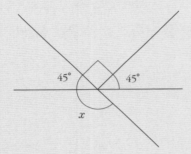

∠x는 60°와 맞꼭지각이므로 60° 입니다. 그리고
∠x+∠y=180° 이므로 ∠y는 120° 입니다.

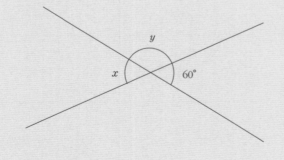

다음은 '삼각형의 세 내각의 크기의 합은 180° 이다'를
수학적으로 증명하기 위해 그림으로 나타낸 것입니다.
아래 그림을 바탕으로 차례대로 증명하여 빈칸을 채워
보시오.

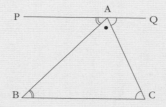

증명

① 삼각형 ABC의 꼭지점 A를 지나 밑변 BC에 평행한
   직선 PQ를 긋습니다.

② '엇각의 크기는 서로 같다' 라는 성질을 이용하여

_____

_____

_____

③ 그러므로 삼각형 세 내각의 크기의 합이 180° 임을
   알 수 있습니다.

풀이 3

정답 '삼각형의 세 내각의 크기의 합은 180°이다' 를 증명하기 위해서는 선분 BC와 선분 PQ가 평행하다는 것에 주의해야 합니다.

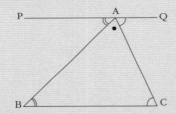

풀이 ① 삼각형 ABC의 꼭지점 A를 지나 밑변 BC에 평행한 직선 PQ를 긋습니다.

② '엇각의 크기는 서로 같다' 라는 성질을 이용합니다.

> $\angle B = \angle PAB$, $\angle C = \angle QAC$
>
> $\angle A + \angle B + \angle C = \angle A + \angle PAB + \angle QAC = \angle PAQ = 180°$

③ 그러므로 삼각형의 세 내각의 크기의 합이 180°임을 알 수 있습니다.

'두 직선이 한 직선과 만날 때, 동위각과 엇각의 크기가 같으면 두 선은 평행하다' 라는 사실을 바탕으로, 다음 그림에서 노가 없는 선수들의 노를 평행하게 그려 보시오.

풀이 4

정답 배와 노가 만나서 생기는 동위각과 엇각의 크기가
같으므로 각 노는 서로 평행합니다.

다음 칠교판 조각 3개를 사용하여 이등변삼각형을 만들 수 있는 경우는 몇 가지인지 그려 보시오.

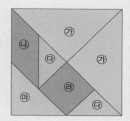

정답 3개의 조각을 이용해서 만들 수 있는 이등변삼각형을 크기가 작은 순서부터 나열해 보면 ㉰, ㉰, ㉱가 사용된 경우와 ㉯, ㉰, ㉰가 사용된 경우, 그리고 ㉰, ㉰, ㉲가 있습니다.

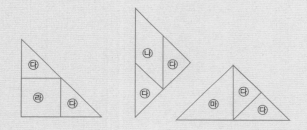

[문제 6] – 2 · 3교시

다음 그림과 같이 가로와 세로의 간격이 모두 같은 점판
이 있습니다. 이 점판의 세 점을 꼭지점으로 하는 삼각
형 중에서 한 각이 직각인 삼각형은 모두 몇 개 그릴 수
있는지 구하시오. 단, 모양이 같은 도형들은 하나로 봅니다.

- - - -
- - - -
- - - -

풀이 6

정답 밑변의 길이가 짧은 순서부터 차례대로 그립니다.

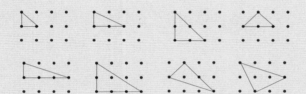

한 각이 직각인 삼각형은 총 8개입니다.

'평행한 두 직선을 지나가는 한 직선 위에 생기는 동위각과 엇각의 크기는 같다' 라는 사실을 바탕으로, 아래의 직선 ㉮와 ㉯가 평행이고, 직선 ㉰와 ㉱가 평행일 때 ∠㉠의 크기는 몇 도인지 구하시오.

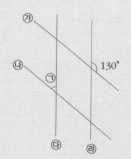

ℋ.

풀이 7

정답 직선 ㉮와 ㉯, 직선 ㉱와 ㉲가 서로 평행이고 '평
행한 두 직선을 지나가는 한 직선 위에 생기는 동
위각과 엇각의 크기는 같다' 이므로,
∠㉠+130°=180° 입니다. 따라서 ∠㉠=50° 입니다.

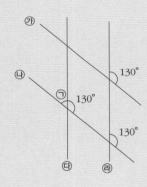

'평행한 두 직선을 지나가는 한 직선 위에 생기는 동위각과 엇각의 크기는 같다' 라는 평행선의 성질을 바탕으로, 아래와 같이 테이프를 접었을 때 각 ㉮의 크기는 몇 도인지 구하시오.

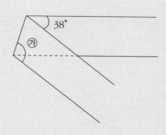

A.
_____

_____

_____

_____

정답 아래 그림처럼 연장선을 그었을 때, $\angle㉮=(180°-71°-38°)+38°=109°$ 입니다.

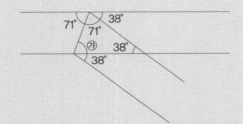

다음 그림에서 사각형 ㉠㉡㉢㉣은 평행사변형이고, 사각형 ㉤㉥㉦㉧은 마름모입니다. 각 ㉤㉡㉥은 70°, 각 ㉧㉤㉥은 60°이고, 변 ㉡㉢과 변 ㉤㉦이 평행일 때, 각 ㉥㉦㉢은 몇 도인지 구하시오.

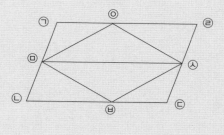

A.

정답 삼각형 ㉠㉢㉣은 이등변삼각형이고, ∠㉢㉠㉣
은 30°이므로, 이 각과 엇각이 되는 ∠㉠㉣㉤은
30°입니다. 그리고 사각형 ㉠㉡㉤㉣은 평행사변
형이므로 ∠㉠㉤㉣은 180°-70°=110°입니다. 그
러므로 ∠㉣㉠㉤은 180°-110°-30°=40°입니다.

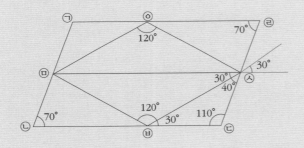

다음 그림과 같은 삼각자 2개가 있습니다. 이 자로 〈보기〉와 같이 15°, 75°인 각을 그릴 수 있습니다. 삼각자 2개를 모두 사용하여 15°와 75° 이외에 180°보다 작은 각을 몇 개 더 그릴 수 있는지 그려 보시오.

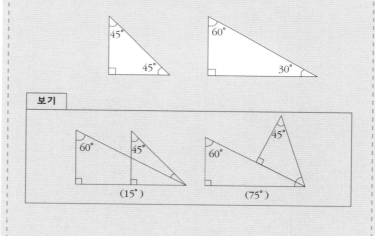

보기

(15°)   (75°)

풀이 10

정답 보기의 그림을 제외하고 만들 수 있는 각은 아래

처럼 모두 7가지 경우가 있습니다.

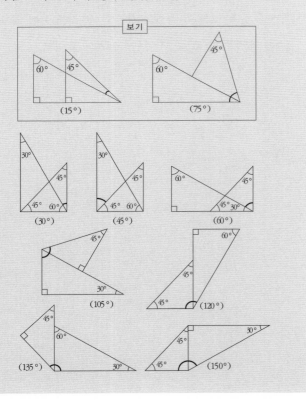

다음 그림은 평행선을 3개씩 그린 것입니다. 각각의 평행선에 수직인 두 직선을 그렸을 때, 이들 직선의 선분 중에서 두 평행선 사이의 거리를 나타내는 선분은 모두 몇 개인지 구하시오.

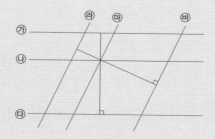

A.

정답 두 평행선 사이의 거리를 나타내는 길이는 수직일 때의 선분의 길이를 나타내므로, 선분 ㉠와 ㉡, 선분 ㉡와 ㉢, 그리고 선분 ㉠와 ㉢의 경우와 선분 ㉣와 ㉤, 선분 ㉤와 ㉥, 그리고 선분 ㉣와 ㉥까지 모두 6가지가 있습니다.

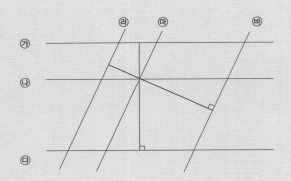

다음 그림은 정사각형에 이등분선과 대각선을 그린 그림
입니다. 이 도형 속에서 얻을 수 있는 서로 다른 각의 크
기는 모두 몇 가지인지 구해 보시오.

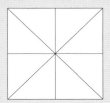

A.

_____

_____

_____

_____

_____

정답 아래 도형에서 나올 수 있는 각의 종류는 45°, 90°, 135°, 180°, 225°, 270°, 315°, 360° 모두 8 가지입니다.

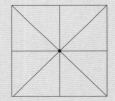

다각형의 외각의 합은 얼마인지 알아봅시다. 그리고 이 다각형들이 정다각형인 경우 내각의 크기와 외각의 크기는 얼마인지에 대해서도 알아봅시다.

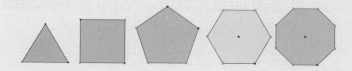

① 정다각형의 외각의 합을 어떻게 구할 수 있습니까?
② 위의 조건들로 아래 표를 완성하고, 그 속에 숨어 있는 규칙들을 발견해 보시오.

다각형	삼각형	사각형	오각형	육각형	□각형
내각의 합					
외각의 합					

풀이 13

정답 ① 다각형의 외각의 합은 평각인 $180° \times$(다각형의
각의 개수)에서 내각의 합을 빼 줍니다.

②

다각형	삼각형	사각형	오각형	육각형	□각형
내각의 합	$180°$	$360°$	$540°$	$720°$	$180° \times (□-2)$
외각의 합	$180° \times 3$ $-180°$	$180° \times 4$ $-360°$	$180° \times 5$ $-540°$	$180° \times 6$ $-720°$	$180° \times □-$ $180° \times (□-2)$

다음 그림에서 선분 ㉮와 ㉯는 평행한 직선입니다. '평행한 두 직선을 지나가는 한 직선 위에 생기는 동위각과 엇각의 크기는 같다'는 사실을 바탕으로 하여 아래 □의 각을 구하시오.

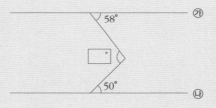

A.

_____

_____

_____

_____

_____

풀이 14

정답 아래 그림에서 붉은색의 연장선을 그으면 각 58°
의 엇각을 먼저 알아볼 수 있습니다. 그러므로
$\square° = 180° - 72° = 108°$ 입니다.

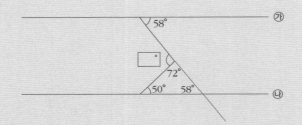

원의 성질을 바탕으로 하여 정삼각형을 그리려고 합니다. 다음 순서대로 작도하여 정삼각형을 그리고, 그 이유를 써 보시오.

① 반지름이 3cm인 원을 그린 다음, 원 위에 중심을 두고 반지름과 크기가 같은 다른 원을 그립니다.

② 원의 중심끼리 선분으로 연결하고, 두 원이 만나는 점과 선분의 끝을 각각 연결합니다.

③ 위의 삼각형이 정삼각형인 이유는 _____

_____ 때문입니다.

풀이 15

정답 ①   ②

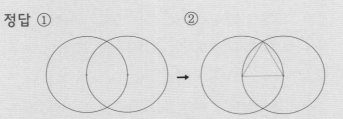

③ 세 점을 선분으로 연결한 도형이 정삼각형인
이유는, 세 변이 모두 크기가 같은 원의 반지름
이 되기 때문입니다.

다음 그림에서 점 ㉠, ㉡은 원의 중심이고 점 ㉢은 두 원이 만나는 점입니다. 이때 삼각형 ㉠㉡㉢의 둘레는 몇 cm인지 구해 보시오.

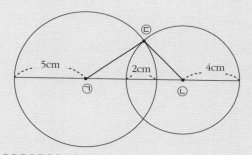

A.

정답 선분 ㉠㉢은 왼쪽 원의 반지름의 길이인 5cm이
고, 선분 ㉡㉢은 오른쪽 원의 반지름의 길이인
4cm입니다. 그리고 선분 ㉠㉡은 두 원의 반지름
의 길이에서 겹치는 부분 2cm를 빼 주면 7cm가
됩니다. 그러므로 삼각형 ㉠㉡㉢의 둘레는
5+4+7=16cm입니다.

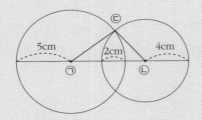

다음 도형의 빨간 선을 따라 크기와 모양이 똑같은 4개의 조각으로 자른 후, 이것들을 맞추어 하나의 완전한 정사각형이 되도록 하였습니다. 아래의 정사각형에 분할한 선을 그려 보시오.

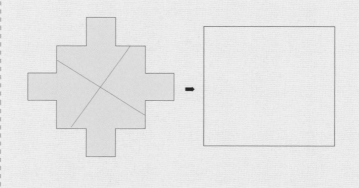

정답 도형을 정사각형의 바깥 부분부터 빈틈없이 맞추
어 들어가면 좀 더 쉽게 맞출 수 있습니다.

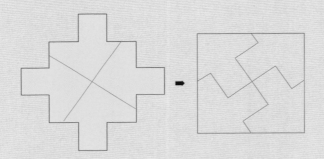

다음은 길이가 같은 성냥개비로 만든 사다리꼴입니다. 성냥개비 5개를 더 사용하여, 합동인 도형 4개로 분할해 보시오.

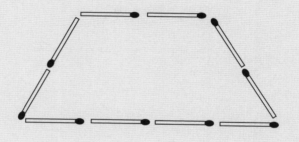

풀이 18

정답 빈틈없이 조각을 맞추는 것에 유의해 가며 성냥개
비 5개로 분할합니다.

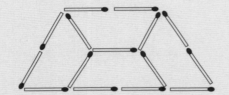

다음 사진은 어떠한 틈이나 포개짐 없이 평면이나 공간을 합동인 도형으로 완벽하게 덮은 테셀레이션tessellation입니다. 그 기본이 되는 도형을 그려 보시오.

정답 기본 도형이란 테셀레이션에서 반복되는 도형을
말합니다.

다음 사진의 작품은 테셀레이션의 원리를 바탕으로 만든
퀼트입니다. 그 기본이 되는 도형을 찾아 그려 보시오.

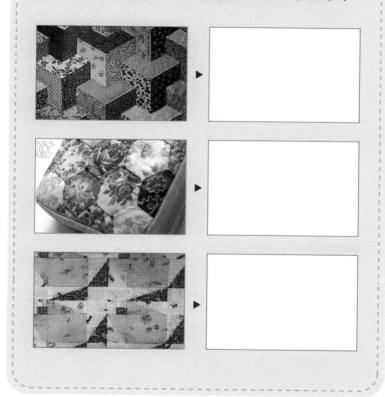

정답 기본 도형이란 테셀레이션에서 반복되는 도형을
말합니다.

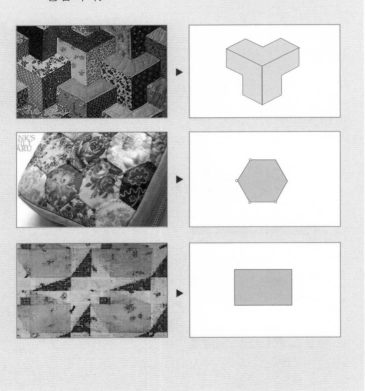

다음은 정삼각형 모양을 조금씩 변환하여 테셀레이션을 다양하게 그린 그림입니다. 그림을 참고하여 또 다른 모양의 삼각형 테셀레이션을 만들어 보시오.

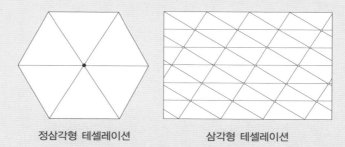

정삼각형 테셀레이션   삼각형 테셀레이션

풀이 21

정답 정삼각형을 바탕으로 삼각형의 모양을 조금씩 변환하여 테셀레이션을 만듭니다. 다시 말해 모든 삼각형은 테셀레이션이 가능합니다.

다음은 정사각형 모양을 조금씩 변환하여 테셀레이션을 다양하게 그린 그림입니다. 그림을 참고하여 또 다른 모양의 사각형 테셀레이션을 만들어 보시오.

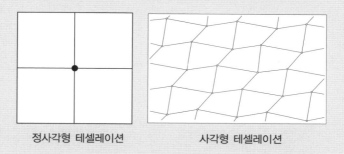

정사각형 테셀레이션   사각형 테셀레이션

정답 정사각형을 바탕으로 사각형의 모양을 조금씩 변환하여 테셀레이션을 만듭니다. 다시 말해서 모든 사각형은 테셀레이션이 가능합니다.

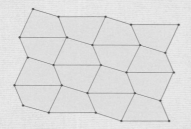

다음은 삼각형을 변형하여 만든 테셀레이션입니다. 매 단계마다 각 변을 변환시키고, 색연필로 그림을 그려 보시오.

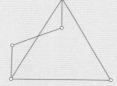

① 삼각형의 왼쪽 빗변을 변형합니다.

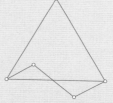

② 아랫변을 변형합니다.

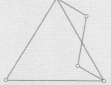

③ 삼각형의 오른쪽 빗변을 변형합니다.

④ 완성된 테셀레이션을 색칠합니다.

⑤ 한 점을 중심으로 회전이동시켜 바닥을 빈틈없이 채웁니다.

풀이 23

정답 정삼각형의 각 변의 모양을 똑같이 변환하여 만들어야 합니다.

④

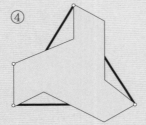

다음은 우리나라의 전통 사찰이나 궁에서 볼 수 있는 문양입니다. 반복되는 문양을 각자의 관점에서 찾아 그려 보시오.

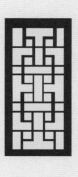

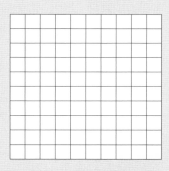

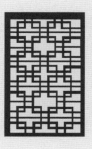

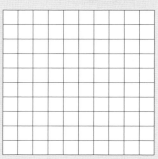

풀이 24

정답 하나의 정답을 찾기보다는 반복되는 무늬를 나름
대로의 관점에서 기준을 정해 봅니다. 이 문제에
서는 단위 모양을 찾아내는 것보다 반복되는 형태
를 발견하는 것이 더 중요합니다.

다음 그림은 튀어나온 부분과 들어간 부분을 빈틈없이 맞추는 직소 퍼즐입니다. 이 퍼즐을 맞추면 어떤 숫자가 나오는지 구해 보시오.

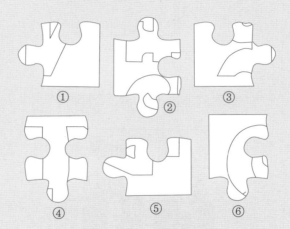

정답 퍼즐을 아래와 같이 빈틈없이 끼워 맞추면 숫자
45가 나옵니다.

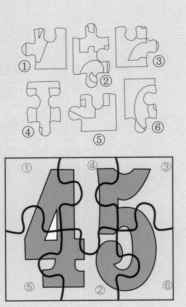

다음 국기는 점선을 대칭축으로 하여 선대칭도형의 형태를 취하고 있습니다. 선대칭의 원리에 따라 나머지 반을 그린 후 색칠해 보시오.

풀이 26

정답 선대칭은 대칭축을 중심으로 접었을 때 좌우 모양
이 같은 모양으로 나타나는 것을 뜻합니다.

다음 그림과 같이 거울을 세워 놓고 화살표 방향에서 보
면 상이 비칩니다. 거울을 통해 보이는 그림을 오른쪽에
그려 보시오.

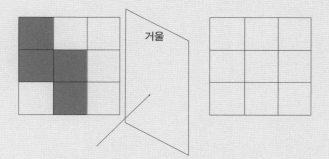

거울

풀이 27

정답 거울에 비친 모습은 대칭축인 선분 ㉮㉯를 축으로 하여 겹쳤을 때 같습니다.

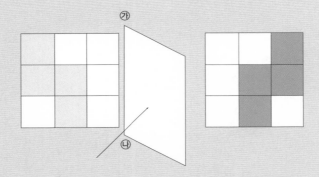

〈보기〉의 왼쪽 시계를 거울에 비추어 보면 오른쪽 그림과 같습니다. 주어진 시각이 거울에 비치면 몇 시를 가리키는지 그려 보시오.

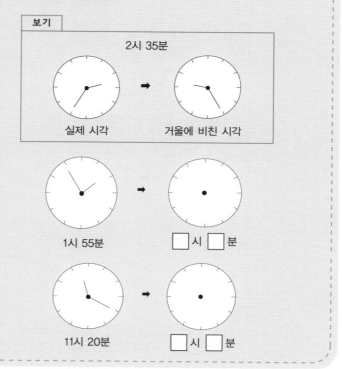

보기

2시 35분

실제 시각 → 거울에 비친 시각

1시 55분 → ☐시 ☐분

11시 20분 → ☐시 ☐분

정답 거울에 비친 모습은 선대칭 위치에 있는 모양으로 나타납니다.

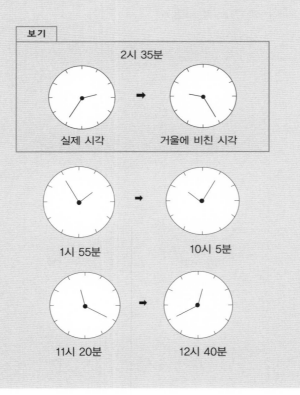

보기

2시 35분

실제 시각 ➡ 거울에 비친 시각

1시 55분 ➡ 10시 5분

11시 20분 ➡ 12시 40분

데칼코마니는 어떤 무늬를 종이에 찍어 얇은 막을 이루게 한 뒤 다른 표면에 찍어 내는 회화 기법으로, 이 속에는 대칭의 원리가 숨어 있습니다. 이 대칭의 원리를 이용하여 다음 작품을 색연필로 그려 완성해 보시오.

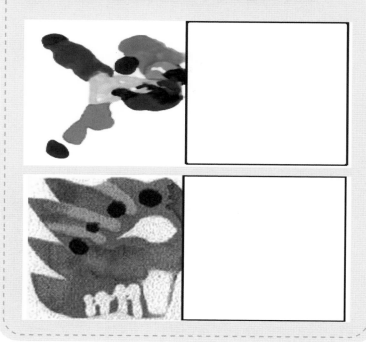

정답 데칼코마니는 어떤 무늬를 종이에 찍어 얇은 막을
이루게 한 뒤 다른 표면에 똑같이 옮기는 기법을
말합니다. 데칼코마니 작품은 대칭축을 중심으로
접었을 때 좌우가 똑같은 모양이 됩니다.

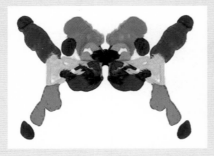

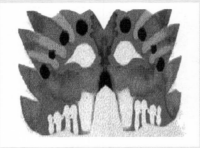

다음 보기의 글자처럼 선대칭을 이루는 글자를 여러 개 써 보시오.

몸 BOOK

한글

영어

정답 한글은 세로선을 대칭축으로 하여 좌우로 대칭을
이루고, 영어는 가로선을 대칭축으로 하여 위아래
로 대칭을 이룹니다.

한글

주몽, 우유

영어

COOK, HI

다음 칠교판에서 조각 2개를 연결하여 점대칭도형이 되는 조각을 그려 보시오.

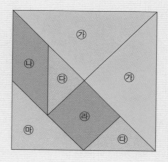

풀이 31

정답 점대칭도형은 도형 내의 한 점을 중심으로 180°
돌렸을 때 모양이 같은 도형을 뜻합니다. 그러므
로 여기서는 정사각형이 이에 해당됩니다.

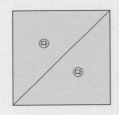

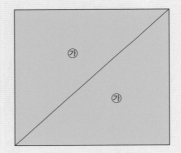

다음 칠교판에서 크기가 다른 조각 4개를 연결하여 점대 칭도형이 되도록 그려 보시오.

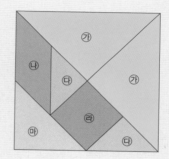

풀이 32

정답 점대칭도형은 도형 내의 한 점을 중심으로 180°
　　　돌렸을 때 모양이 같은 도형을 뜻하므로, 여기서
　　　는 정사각형이 이에 해당됩니다.

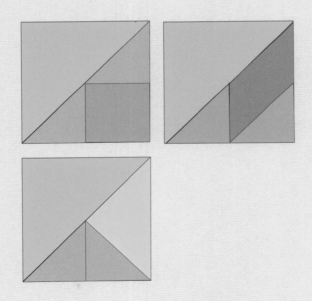

다음 기하판에 주어진 다각형과 점대칭도형이 되는 도형
을 그려 보시오.

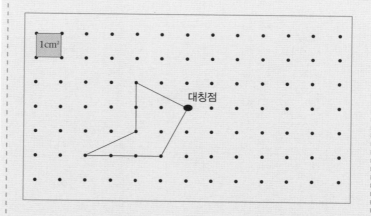

1cm²

대칭점

풀이 33

정답 점대칭도형은 대칭점을 중심으로 180° 돌렸을 때,
모양이 같은 도형을 뜻합니다.

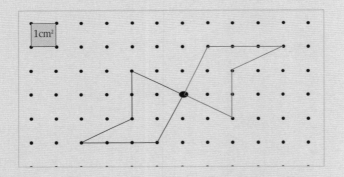

다음 기하판에 넓이가 2cm²인 도형을 2개 이상 그려 보시오.

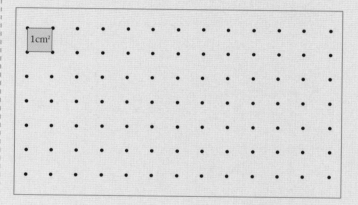

1cm²

정답 넓이가 2cm²인 도형임에 유의해야 합니다.

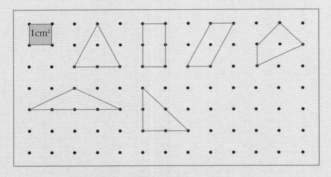

이 외에도 여러 가지가 있습니다.

다음 기하판에 둘레의 길이가 8cm이고, 넓이가 3cm²인
도형을 그려 보시오.

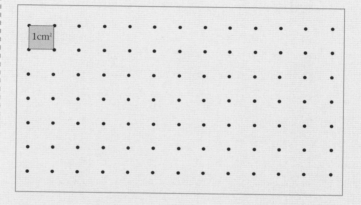

풀이 35

정답 점 사이의 길이가 가로, 혹은 세로인 경우에는 1cm이지만, 대각선의 길이는 1cm가 아님을 유의해야 합니다.

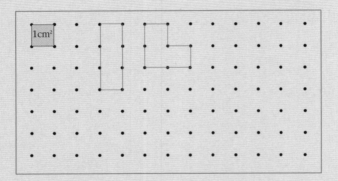

다음 기하판에 '내부에 점이 2개 있는 다각형'을 3개 이상 그려 보시오.

1cm²

풀이 36

정답 도형 내부에 점이 2개 있는 것에 유의하며 다각형
을 그립니다.

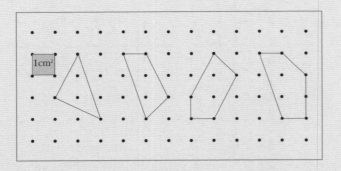

이 외에도 여러 가지가 있습니다.

고대 이집트인들은 원의 넓이를 '원지름의 $\frac{1}{9}$ 을 잘라
낸 나머지 길이를 한 변으로 하는 정사각형의 넓이와 같
다' 라고 생각하여 넓이를 계산하였습니다. 이와 같은 방
법으로 다음 원의 넓이를 구하시오.

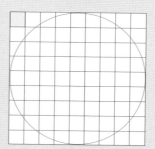

□ 4cm
4cm

A. _____

_____

_____

풀 이 1

정답 원의 넓이는 지름의 $\frac{1}{9}$ 을 잘라 낸 길이를 한 변

으로 하는 정사각형의 넓이이므로, 위 그림에서

원지름의 길이는 9칸, 즉 36cm입니다. 여기서

$\frac{1}{9}$ 을 잘라 내면 32cm가 되므로 원의 넓이는 32

×32=1024cm²가 됩니다.

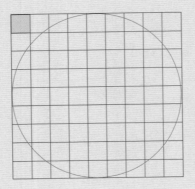

4cm

4cm

다음은 탈레스가 그림자를 이용하여 피라미드의 높이를 구했던 방법입니다. 막대의 길이가 50cm일 때, 어떻게 하면 피라미드의 높이를 구할 수 있는지 설명하시오.

피라미드 높이 : 피라미드 그림자 길이 = 막대 길이 : 막대 그림자 길이

$$\text{피라미드 높이} = \frac{\text{피라미드 그림자 길이} \times \text{막대 길이}}{\text{막대 그림자 길이}}$$

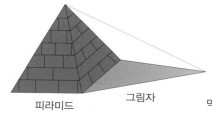

피라미드 그림자 막대 그림자

A.

풀이 2

정답 막대 길이와 막대 그림자의 길이가 같을 때, 피
라미드 그림자의 길이가 피라미드의 높이가 된
다는 사실을 이용하여 피라미드의 높이를 구했
습니다.

· **피라미드 높이** : 피라미드 그림자 길이

=막대 길이 : 막대 그림자 길이

· **피라미드 높이** : 피라미드 그림자 길이

=50cm : 50cm

· **피라미드 높이** $= \dfrac{\text{피라미드 그림자 길이} \times \text{막대 길이}}{\text{막대 그림자 길이}}$

$= \dfrac{\text{피라미드 그림자 길이} \times 50}{50}$

= 피라미드 그림자 길이

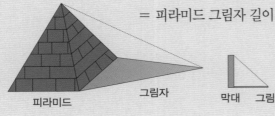

피라미드   그림자   막대 그림자

탈레스가 수학적으로 증명한 명제 중 가장 먼저 등장한 '맞꼭지각의 크기는 서로 같다' 라는 성질을 이용하여, 다음 그림에서 □의 값을 구하고 그 이유를 설명하시오.

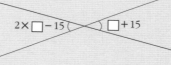

$2 \times \square - 15$ $\square + 15$

A.

정답 맞꼭지각이 같다는 탈레스의 증명에서처럼,

$(2 \times \square - 15)° + a = 180°$, $(\square + 15)° + a = 180°$ 이므로

여기서, $2 \times \square - 15° = \square + 15°$ 가 됩니다.

그러므로 $\square = 30°$ 입니다.

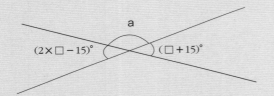

'두 직선이 한 점에서 만날 때 맞꼭지각의 크기는 같다'
라는 성질을 이용하여 다음 문제를 해결하시오.

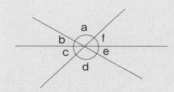

① ∠b의 맞꼭지각은 어느 각입니까?

② ∠b=30°, ∠d=110°일 때, ∠a, ∠c, ∠e, ∠f의 크
기를 각각 구하시오.

③ 맞꼭지각의 성질을 이용하여 다음 □는 몇 도인지
구하시오.

풀이 4

정답 ① ∠b의 맞꼭지각은 ∠e입니다.

② ∠b=30°, ∠d=110°일 때, ∠e=30°,

∠a=110°, ∠c=180°−140°=40°, ∠f=∠c,

그러므로 ∠f=40°입니다.

③ □+2×□=90° 이므로 □=30° 입니다.

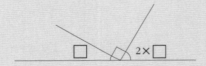

'평행한 두 직선 위를 지나가는 하나의 직선이 존재할 때, 같은 위치에 있는 각의 크기는 같다.'는 말은 동위각의 성질을 나타낸 것입니다. 이를 바탕으로 다음 문제의 □는 몇 도인지 구하시오.

① 두 직선 a, b가 서로 평행일 때, □의 크기를 구하시오.

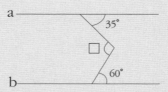

② 두 직선 l, m은 서로 평행입니다. ∠x의 크기를 구하시오.

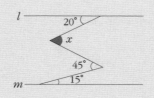

풀이 5

정답 '평행한 두 직선 위를 지나가는 하나의 직선이
     존재할 때 같은 위치에 있는 각의 크기는 같다'
     는 동위각의 성질을 이용하여, 아래 그림처럼 연
     장선을 그으면 됩니다.

① □=$180°-85°=95°$

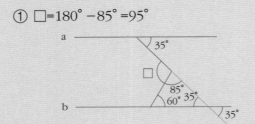

② $\angle x=20°+30°=50°$

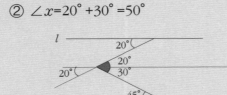

다음 그림은 지구의 둘레를 측정하기 위해 닮음비를 이용한 경우입니다. A 지점에서 B 지점까지의 거리는 800km이고, 지구의 중심을 O라고 할 때, ∠AOB는 7.2°입니다. 지구 둘레의 길이는 얼마인지 구하시오.

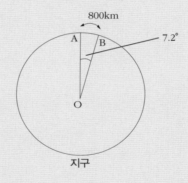

지구

𝒜.

정답 지구 둘레의 길이 : $800\text{km}=360°:7.2°=50:1$이므로

지구 둘레의 길이$=800\text{km}\times50=40000\text{km}$입니다.

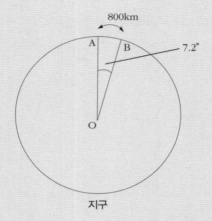

'이등변삼각형은 두 밑각의 크기가 같고, 꼭지점에서 밑변에 내린 수선은 밑변을 수직이등분한다' 는 원리를 이용하여, 아래 그림에서 색칠한 부분의 넓이를 구하시오.

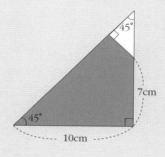

A.

_____

_____

_____

_____

정답 아래의 빨간색처럼 사각형으로 만든 후에 사각
형의 넓이를 먼저 구한 다음, 한 변의 길이가
3cm인 직각삼각형의 넓이를 뺀 후, 2로 나누면
됩니다. 즉 색칠한 부분의 넓이=$\{(10 \times 10) - (3 \times 3 \div 2)\} \div 2 = (100 - 4.5) \div 2 = 47.75$㎠입니다.

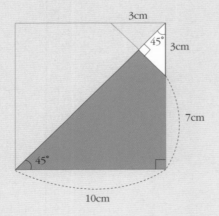

다음 평행사변형 ㉠㉡㉢㉣이 있습니다. 각 변 ㉠㉡, ㉡㉢, ㉢㉣, ㉣㉠의 중점을 각각 ㉤, ㉥, ㉦, ㉧이라고 할 때 빗금 친 부분의 넓이는 전체 평행사변형의 몇 배인지 구해 보시오.

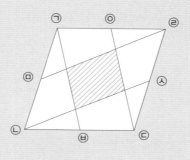

A.

정답 아래 그림에서 4개의 삼각형을 화살표 방향으로 이동시키면 십자가 모양의 평행사변형이 나옵니다. 십자가 모양 속의 평행사변형 5개는 가로, 세로 길이가 모두 같으므로 빗금 친 부분의 넓이는 전체 평행사변형의 $\frac{1}{5}$입니다.

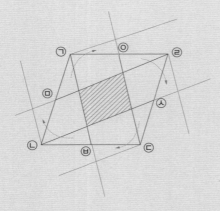

다음 도형은 정사각형의 각 변의 중심을 꼭지점과 연결한 것입니다. 색칠한 부분의 넓이의 합은 전체 넓이의 몇 분의 몇인지 구해 보시오.

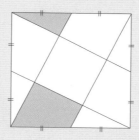

A.

_____

_____

_____

_____

정답 아래 그림에서 4개의 삼각형을 화살표 방향으로
이동시키면 십자가 모양의 평행사변형이 나옵니
다. 십자가 모양 속의 5개 평행사변형은 가로, 세
로 길이가 모두 같으므로 빗금 친 부분의 넓이는
전체 평행사변형의 $\frac{1}{5}$ 입니다.

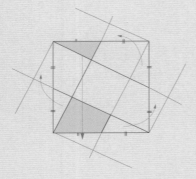

똑같은 이등변삼각형 ㉠㉡㉢과 ㉣㉤㉥ 2개를 그림과 같이 겹쳐 놓았습니다. ∠x는 몇 도인지 구하시오.

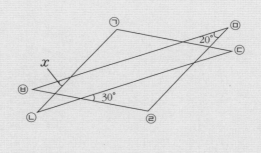

A.

풀이 10

정답 이등변삼각형의 양 밑각의 크기는 같으므로 아래
그림에서 $\angle x = 180° - 130° - 20° = 30°$ 입니다.

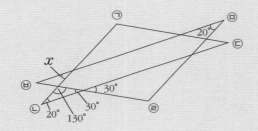

'삼각형의 한 외각은 이웃하지 않는 내각의 합과 같다' 는 사실을 바탕으로, 다음 그림에서 □ 안의 값은 몇 도 인지 구하시오.

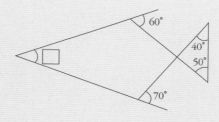

$\mathcal{A}.$

풀이 11

정답 삼각형의 한 외각은 이웃하지 않는 내각의 합과 같으므로 □=360°−(120°+110°+90°)=40° 입니다.

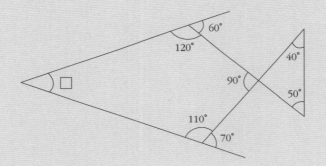

다음 도형을 크기가 같은 도형 3개로 분할하시오.

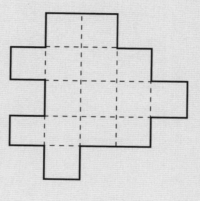

정답 사각형의 개수가 모두 15개이므로 5개의 사각형

으로 만들어진 도형으로 분할해야 합니다.

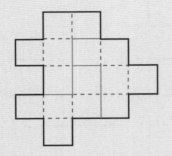

다음 도형의 넓이를 구하려면 최소한 가로_{좌우로 놓인 선}분, 세로_{상하로 놓인 선분} 선분 중에서 몇 군데의 길이를 측정해야 하는지 알아보시오. 그리고 그 이유를 설명하시오.

A.

풀이 13

정답 아래 그림처럼 도형을 세 부분으로 나누어 넓이
　　　를 구하려면 최소한 가로 3개, 세로 3개의 길이
　　　를 알아야 합니다.

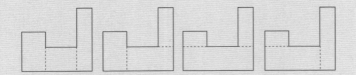

다음 모눈종이 위에 그려진 직사각형과 그 넓이가 같은 다각형은 모두 몇 개가 나오는지 그려 보시오. 단, 반드시 선을 따라 그려야 합니다.

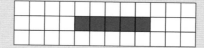

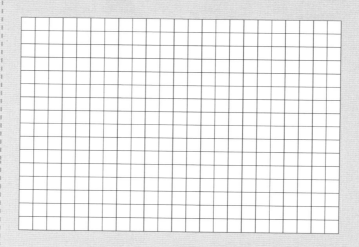

풀이 14

정답 면과 면이 닿으면서 뒤집거나 돌렸을 때 다른 모
양이 되어야 한다는 것에 유의해야 합니다.

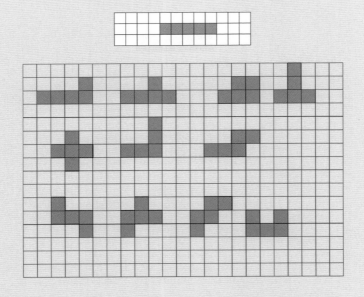

원의 성질을 이용하여 정사각형을 그리려고 합니다. 다음 순서대로 작도하여 정사각형을 그리고, 그 이유를 설명하시오.

① 반지름이 4cm인 원을 그린 다음, 그 원 위에 원의 중심을 두고 반지름의 크기가 같은 다른 원을 그립니다. 그 다음, 원의 중심을 지나가는 직선과 교점을 지나가는 수직선을 긋습니다.

② 수직선과 수평선이 교차하는 점을 원의 중심으로 하고, 다른 한 원의 중심까지를 반지름으로 하는 원을 그린 다음, 원과 선이 만나는 네 점을 연결하여 정사각형을 완성합니다.

③ 위의 사각형이 정사각형인 이유는, ＿＿＿＿＿＿＿

＿＿＿＿＿＿＿＿＿＿＿＿＿＿＿＿ 때문입니다.

정답 ① 반지름이 4cm인 원을 그린 다음, 그 원 위에
원의 중심을 두고 반지름의 크기가 같은 원을
그립니다. 그 다음, 원의 중심을 지나가는 직
선과 교점을 지나가는 수직선을 긋습니다.

② 수직선과 수평선이 교차하는 점을 원의 중심
으로 하고 다른 한 원의 중심까지를 반지름으
로 하는 원을 그린 다음, 원이 선과 만나는 네
점을 연결하여 정사각형을 완성합니다.

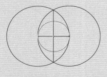   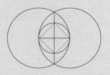

③ 위의 사각형이 정사각형인 이유는, ②에서 그린
원 속에 있는 삼각형들이 모두 합동이기 때문입
니다. 따라서 네 변의 길이가 같고 네 각의 크기
가 같으므로 정사각형이 됩니다.

원의 성질을 이용하여 정육각형을 그리려고 합니다. 다음 순서대로 작도하여 정육각형을 그리고, 그 이유를 설명해 보시오.

① 반지름이 4cm인 원 하나를 그린 다음, 그 원 위에 원의 중심을 두고 반지름이 같은 원을 좌우에 두 개 그립니다. 이때 세 원의 중심을 한 직선 위에 둡니다.

② 중심의 원 주위에 생긴 점 6개를 연결하면 정육각형이 됩니다.

③ 위의 육각형이 정육각형인 이유는, _____

_____ 때문입니다.

정답 ① 반지름이 4cm인 원 하나를 그리고, 원 위에 반지름이 같은 원의 중심을 한 직선 위에 두고 좌우에 두 개의 원을 그립니다.

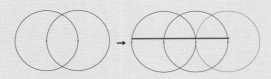

② 가운데 원 주위에 생긴 점 6개를 연결하면 정육각형이 됩니다.

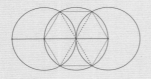

③ 위의 육각형이 정육각형인 이유는, 여섯 개의 변이 모두 원의 반지름의 길이와 같고, 각각의 각이 $60° + 60° = 120°$ 이기 때문입니다.

다음 정다각형의 한 내각과 외각의 크기가 얼마인지 알아보시오. 그리고 이 다각형들이 정다각형인 경우, 한 내각의 크기와 외각의 크기에 대해서도 알아보시오.

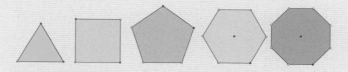

① 정다각형의 내각의 합은 어떻게 구할 수 있습니까?
② 위의 다각형들의 외각의 합은 몇 도입니까?
③ 위의 조건들로 아래 표를 완성하고, 그 안에 숨어 있는 규칙들을 발견해 보시오.

다각형	삼각형	사각형	오각형	육각형	□각형
내각의 합					
외각의 합					

풀이 17

정답

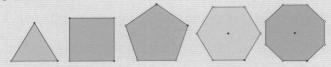

풀이 ① 정다각형을 □−2개의 삼각형으로 나눈 후
180°를 곱합니다.

② 180°에 각 모서리의 개수를 곱한 다음, 내각
의 합을 뺍니다.

③ □각형의 외각의 합은 180°×□−180°×(□−
2)가 되는데, 이를 계산하면 360°가 됩니다.

다각형	삼각형	사각형	오각형	육각형	□각형
내각의 합	180°	360°	540°	720°	180°×(□−2)
외각의 합	180°×3 −180°	180°×4 −360°	180°×5 −540°	180°×6 −720°	180°×□− 180°×(□−2)

다음 도형을 선을 따라가면서 네 부분으로 자르되, 각
부분의 크기와 모양이 같아지도록 분할하시오. 단, 각 도형
마다 십자가와 별이 반드시 하나씩 포함되어야 합니다.

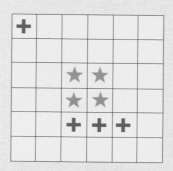

정답 도형마다 십자가와 별이 반드시 하나씩 포함되어야 합니다. 선을 따라가면서 네 부분으로 잘라 각 부분의 크기와 모양이 정확히 같아지도록 분할하면 아래와 같습니다.

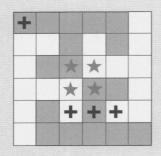

다음 십자가 모양의 도형을 이용해, 하나의 조각은 원래 보다 작은 십자가 모양이 되도록 하고, 나머지 4조각은 모양과 크기가 같아지도록 분할해 보시오.

풀이 19

정답 아래 그림처럼 십자가의 중심에 먼저 작은 십자
가를 그리고 테두리 부분을 크기가 같은 도형으
로 분할합니다.

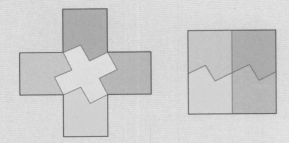

다음 그림에서 l과 m은 평행한 직선입니다. A, B, C, D 는 각 도형의 왼쪽 굵은 선을 2cm만큼 각각 평행이동시킬 때 생기는 도형입니다.

① 각 도형의 넓이를 구해 보시오.

도형	A	B	C	D
넓이(cm²)				

② 위에서 구한 각 도형의 넓이를 비교한 뒤, 넓이가 같은 이유를 말해 보시오.

③ 도형 A와 모양은 다르지만 넓이가 같은 도형을 2개 이상 그려 보시오.

풀이 20

정답 평행사변형의 넓이는 '밑변×높이' 이므로

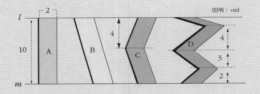

①

도 형	A	B	C	D
넓이(cm²)	20	20	20	20

② 도형 A, B, C, D의 넓이가 같은 이유는 밑변
과 높이가 모두 같기 때문입니다.

③ 도형 A와 모양은 다르지만 넓이가 같은 도형
은 아래처럼 다양합니다.

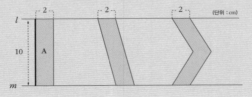

다음 그림과 같이 12개의 성냥개비로 직각을 끼는 두 변이 3개, 4개, 빗변이 5개인 직각삼각형을 만들었습니다. 성냥개비 2개를 이용하여 직각삼각형의 넓이를 이등분하시오.

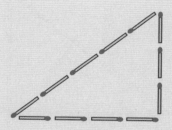

정답 빗변과 아랫변에 각각 성냥개비 1개로 수선을 아래와 같이 만들면, 성냥개비 2개로 직각삼각형의 넓이가 2등분되는 것을 점선을 통해 알 수 있습니다.

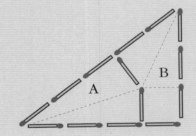

그림에서 성냥개비 2개를 이용하여 2등분된 도형을 각각 A, B라 하고 성냥개비 한 개의 길이를 1이라 하면, A의 넓이는 $(3 \times 1 \div 2) \times 2 = 3$이고, B의 넓이는 $(2 \times 1 \div 2) \times 2 + 1 \times 1 = 3$이므로 그림처럼 두 도형 A와 B의 넓이는 같습니다.

다음 도형은 직사각형을 작은 정사각형 9개로 나눈 것입니다. 그림에서 정사각형 ㉮의 넓이는 ㉯의 넓이의 몇 배인지 구해 보시오. 단, 검은 정사각형 한 변의 길이는 1입니다.

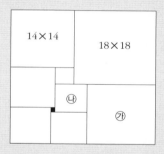

풀이 22

정답 큰 정사각형에서 바로 옆 칸의 작은 사각형의 길이만큼 빼면서 한 변의 길이를 하나씩 추측합니다.

풀이   18−14=4

14−4=10

10−1=9

9−1=8

8−1=7

(14+10+9)−18=15

㉮의 넓이=15 × 15=225

㉯의 넓이= 7 × 7 = 49

따라서 ㉮의 넓이는 ㉯의 넓이의 $\dfrac{225}{49}$ 가 됩니다.

아래 그림과 같이 가로×세로가 36개인 정사각형 모양의
땅이 있습니다. 이 땅을 선을 따라서 크기가 같은 4개의
땅으로 분할하려고 합니다. 반드시 ♥와 ★이 각각의 땅
에 1개씩 들어가도록 다음 정사각형을 분할해 보시오.

풀이 23

정답

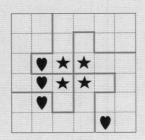

다음 그림은 세로 길이가 가로 길이의 2배이고, 넓이가 72cm²인 직사각형 ㉠㉡㉢㉣ 및 서로 평행인 선분 ㉠㉤과 ㉣㉥을 그린 것입니다. 사다리꼴 ㉠㉤㉥㉦의 넓이는 몇 cm²인지 구해 보시오.

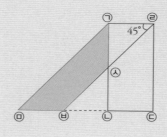

A.

정답 세로의 길이가 가로 길이의 2배이고, 넓이가
72cm²인 직사각형 ㉠㉡㉢㉣의 가로 길이는
6cm, 세로 길이는 12cm입니다. 그리고 사다리
꼴 ㉠㉤㉦㉧의 넓이는 평행사변형 ㉠㉤㉦㉣에
서 삼각형 ㉠㉣㉧을 뺀 넓이입니다.

㉠㉤㉦㉧의 넓이=6 × 12−18=54cm²

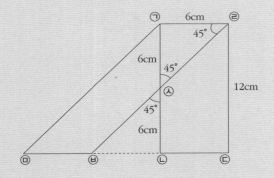

다음 그림은 한 변의 길이가 6cm인 정사각형의 꼭지점과 정사각형의 중심이 일치하도록 겹쳐 놓은 것입니다. 이와 같은 방법으로 정사각형을 놓을 때, 8단계에 놓이는 도형의 둘레 길이는 몇 cm인지 구하시오.

| 1단계 | 2단계 | 3단계 |

...

𝒜.

정답 1단계씩 커짐에 따라 정사각형의 두 변의 길이만큼 늘어납니다. 그러므로 □ 단계에서는 {2×(□+1)}×6cm의 길이이므로, 8단계에 놓이는 도형의 둘레는 108cm입니다.

1단계	2단계	3단계	□단계
4×6cm	6×6cm	8×6cm	{2×(□+1)}×6cm

다음은 정육각형 모양을 조금씩 변환하여 테셀레이션을 다양하게 활용해 보는 과정입니다. 그림을 참고하여 또 다른 모양의 사각형 테셀레이션을 그려 보시오.

정육각형 테셀레이션

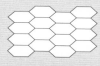

한 쌍의 대변의 길이가 다른 대변들의 길이와 다른 경우

네 변과 두 변의 길이가 각각 같은 경우

정답 모든 사각형은 테셀레이션이 가능합니다. 그 이유
는 한 점을 중심으로 뒤집거나 돌려서 모양을 빈
틈없이 맞출 수 있기 때문입니다. 아래 사다리꼴
테셀레이션은 정육각형 테셀레이션을 반으로 나
누어 사다리꼴 테셀레이션을 만든 경우입니다.

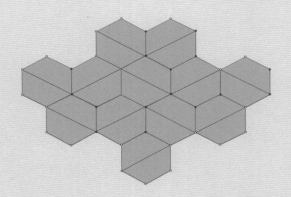

다음 테셀레이션은 여러 개의 정다각형으로 빈틈없이 공간을 채운 것입니다. 한 점을 중심으로 평면이 어떻게 채워져 있는지 보기를 참고하여 설명하시오.

▶ 한 점을 중심으로 정삼각형 3개와 정사각형 2개가 모여 빈틈없이 공간을 채웁니다.

▶

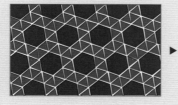

▶

풀이 27

정답 한 점을 중심으로 둘러싸인 도형을 살펴봅니다.

▶ 한 점을 중심으로 정육각형 1개와 정사각형 2개와 정삼 각형 1개가 모여 빈틈없이 공간을 채웁니다.

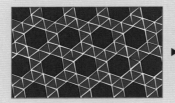

▶ 한 점을 중심으로 정육각형 1개와 정삼각형 4개가 모여 빈틈없이 공간을 채웁니다.

다음 표는 정다각형의 변의 수와 한 내각의 크기를 나타 낸 것입니다. 아래 정다각형 중에서 3개를 이용하여 한 점을 중심으로 빈틈없이 채울 수 있는 경우를 찾아 보시 오. 단, 정십각형 이하의 도형만 사용할 것

변의 수	한 내각의 크기
3	60°
4	90°
6	120°
8	135°
9	140°
10	144°
…	…
□각형	$180° \times (□ - 2) \div □$

정답 3개의 다각형을 이용하여 한 점을 중심으로 빈틈 없이 가득 채울 수 있어야 하므로,

$120°+120°+120°$ 정육각형+정육각형+정육각형의 경우

$135°+135°+90°$ 정팔각형+정팔각형+정사각형의 경우가 있습니다.

변의 수	한 내각의 크기
3	$60°$
4	$90°$
6	$120°$
8	$135°$
9	$140°$
10	$144°$
...	...
□각형	$180°×(□-2)÷□$

다음 표는 정다각형의 변의 수와 한 내각의 크기를 나타
낸 것입니다. 정다각형 중에서 세 종류의 정다각형을 이
용하여 한 점을 중심으로 빈틈없이 채울 수 있는 경우를
찾아 보시오. 단, 정십각형 이하의 도형만 사용할 것

변의 수	한 내각의 크기
3	60°
4	90°
6	120°
8	135°
9	140°
10	144°
…	…
□각형	180°×(□−2)÷□

풀이 29

정답 세 종류의 다각형을 이용하여 한 점을 중심으로 빈틈없이 가득 채울 수 있어야 한다는 점에 유의해 빈틈없이 채우면, $120°+90°+90°+60°$ 정육각형+정사각형+정사각형+정삼각형의 경우가 있습니다.

변의 수	한 내각의 크기
3	$60°$
4	$90°$
6	$120°$
8	$135°$
9	$140°$
10	$144°$
...	...
□각형	$180° × (□ - 2) ÷ □$

다음 그림에서 각각의 테셀레이션 활동에 사용되는 도형을 찾아 그려 보시오.

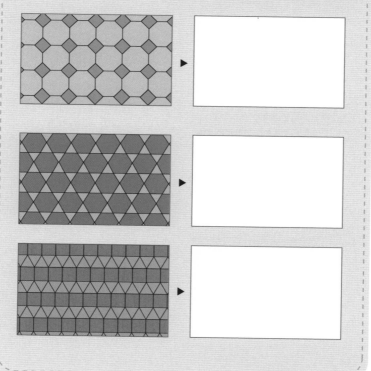

풀이 30

정답 공간을 빈틈없이 채우는 도형에 어떤 것이 있는
지 알아봅니다.

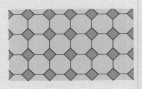
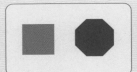
기본 도형

기본 도형

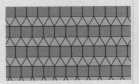

기본 도형

다음은 정삼각형이 아닌 삼각형을 이용한 테셀레이션 그림입니다. 어떤 원리를 이용해 테셀레이션을 했는지 설명하시오.

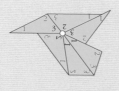

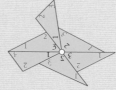

𝒜.

_____

_____

_____

_____

_____

정답 삼각형의 세 각의 합은 180°이고, 한 점을 중심
으로 같은 모양의 삼각형을 뒤집고 돌려서 각각
의 각을 두 번씩 사용하면 360°가 됩니다. 이는
바로 한 점을 중심으로 같은 삼각형 6개를 빈틈
없이 채우는 원리를 통해 테셀레이션을 한 경우
입니다.

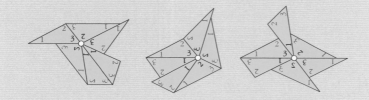

다음 그림은 사각형의 내각에 각각 1, 2, 3, 4로 번호를 붙인 후, 회전이동을 시켜 테셀레이션하는 과정을 나타낸 것입니다. 아래 그림에서 테셀레이션이 완성되기 위해서는 □에 각각 몇 번 들어가야 하는지 번호를 써 넣어 보시오.

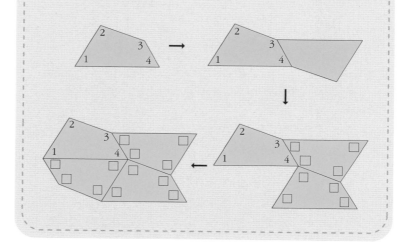

정답 같은 사각형을 한 점을 중심으로 돌리고 뒤집어

서 360°를 빈틈없이 채우는 원리입니다.

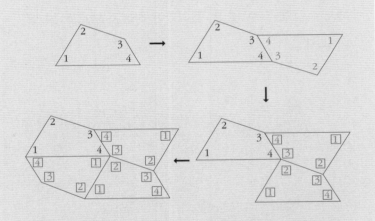

다음 기하판에서 정삼각형의 한 변의 길이가 한 칸씩 늘어날수록 넓이가 어떻게 변하는지, 그 규칙을 구해 보시오. ▲의 넓이는 1이다.

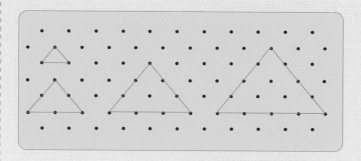

한변의 길이	1칸	2칸	3칸	4칸	…	□칸
넓이	1	4	9	16	…	

정삼각형의 한 변의 길이가 □칸이면, 넓이는 _____ 입니다.

풀이 33

정답 ▲의 넓이를 1이라 할 때, 한 변의 길이가 한 칸
씩 늘어날수록 넓이는 각 한 변의 길이를 두 번
곱한 것과 같습니다.

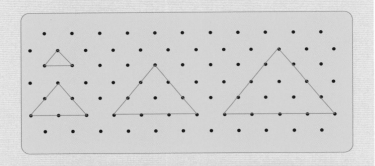

한변의 길이	1칸	2칸	3칸	4칸	⋯	□칸
넓이	1	4	9	16	⋯	□×□

정삼각형 한 변의 길이가 □ 칸이면, 넓이는 ___□___ ×

___□___ 입니다.

다음 문자들은 다양한 대칭 원리를 이용하여 창의적으로 만든 작품입니다. 각각의 문자마다 대칭이 되는 점, 혹은 선을 표시하고 어떤 대칭을 이루는지 설명하시오.

1 ICEBOX   Dance 5

2 mirror   suns 6

3 ECHO   ㅋㅐㅋㅋ 7

4 Symmetry   fantasy 8

A.

정답 대칭축을 중심으로 접었을 때 겹치는 도형을 선
　　대칭도형이라 하고, 한 점을 중심으로 180° 회전
　　했을 때 겹치는 도형을 점대칭도형이라 합니다.
　　그림에서 1, 2, 3, 7, 8은 선대칭도형이고, 4, 5,
　　6은 점대칭도형입니다.

1 ICEBOX

5 Dance

2 mirror

6 suns

3 ECHO

7 ⊐⊢＜Ƨ

4 Symmetry

8 fantasy

다음 기하판 위의 도형을 보고 '삼각형 빗변의 길이의 제곱은 다른 두 변의 길이의 제곱을 더한 것과 같다'에 대해 설명하시오.

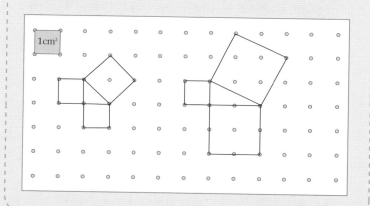

1cm²

𝒜.

_____

_____

_____

정답 왼쪽 기하판에서 삼각형의 빗변을 한 변으로 하
는 정사각형의 넓이는 2cm²이고, 가로와 세로 변
의 각각의 넓이는 1cm², 1cm²입니다. 그리고 오
른쪽 기하판에서 삼각형의 빗변을 한 변으로 하
는 정사각형의 넓이는 5cm²이고, 가로와 세로 변
의 각각의 넓이는 4cm², 1cm²입니다. 그러므로
삼각형 빗변의 길이의 제곱은 다른 두 변의 길이
의 제곱을 더한 것과 같습니다.

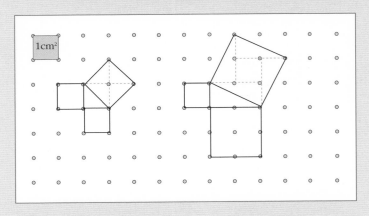

다음 기하판에 삼각형을 그렸을 때, 내부에 점이 세 개 있는 경우를 세 가지 이상 그려 보시오.

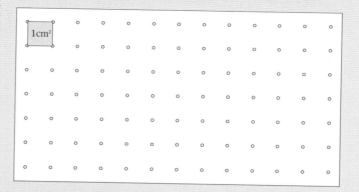

1cm²

정답 아래 그림 외에도 삼각형의 크기를 넓혀 가면서

다양하게 그릴 수 있습니다.

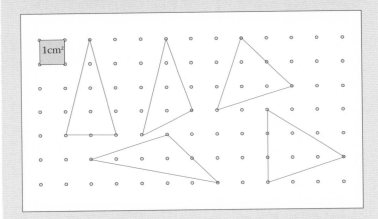

천재들이 만든 수학퍼즐 · 02

피어슨이 만든 표 만들기
익히기

09 피어슨이 만든 표 만들기

익히기

© 홍선호, 2008

초판 1쇄 발행일 | 2008년 1월 25일
초판 4쇄 발행일 | 2016년 10월 12일

지은이 | 홍선호
펴낸이 | 정은영
펴낸곳 | (주)자음과모음

출판등록 | 2001년 11월 28일 제2001-000259호
주소 | 04083 서울시 마포구 성지길 54
전화 | 편집부(02)324-2347, 경영지원부(02)325-6047
팩스 | 편집부(02)324-2348, 경영지원부(02)2648-1311
e-mail | soseries@jamobook.com

ISBN 978-89-544-1720-4 (04410)

천재들이 만든
수학퍼즐 익히기

홍선호(M&G 영재수학연구소 소장) 지음

9

피어슨이 만든 **표 만들기**

|주|자음과모음

정호, 경수, 인석 세 사람이 가진 축구공과 야구공의 수는 모두 10개인데, 그 중에서 축구공이 4개입니다.
정호와 경수는 똑같이 축구공을 1개씩 가지고 있고 인석이와 정호는 야구공을 2개씩 가지고 있습니다. 세 사람이 가지고 있는 공의 수를 구하시오.

공의 수 \ 이름	정 호	경 수	인 석
축구공 4개			
야구공 6개			
합계 10개			

A.

풀이 1

공의 수 \ 이름	정 호	경 수	인 석
축구공4개	1	1	2
야구공6개	2	2	2
합계10개	3	3	4

정호와 경수는 축구공 1개와 야구공 2개, 인석이는 축구공과
야구공을 각각 2개씩 가지고 있습니다.

찬성, 종서, 준석 세 소년은 9개의 연필과 6개의 지우개를 가지고 있습니다. 세 사람이 모두 15개의 학용품을 가지고 있는 셈입니다. 찬성이는 3개의 지우개를 가지고 있으며, 종서는 3개의 연필을 가지고 있습니다. 준석이는 4개의 학용품을 가지고 있으며 종서는 준석이 보다 1개 더 가지고 있습니다. 찬성이는 준석이의 연필 개수와 같은 수의 지우개를 가지고 있습니다.

세 소년은 각각 몇 개씩의 연필과 지우개를 가지고 있는지 표를 이용하여 구하시오.

학용품 \\ 학생	찬 성	종 서	준 석
연필			
지우개			
학용품 총 합계			

풀이 2

정답

학용품 \ 학생	찬 성	종 서	준 석
연필	3	3	3
지우개	3	2	1
학용품 총 합계	6	5	4

찬성이는 연필 3개와 지우개 3개, 종서는 연필 3개와 지우개 2개, 준석이는 연필 3개와 지우개 1개를 가지고 있습니다.

8에서 25까지의 수가 있습니다. 이 중에서 두 수를 더하여 24가 되는 경우를 모두 찾아보시오. 그리고 이 수들이 모두 몇 가지나 되는지 표를 만들어서 알아보시오. 같은 수를 두 번 쓰는 것도 허용.

A.

풀이 3

정답

작은 수	8	9	10	11	12
큰 수	16	15	14	13	12
합	24	24	24	24	24

두 수의 합이 24가 되는 경우는 모두 5가지입니다.

1에서 10까지의 수가 있습니다. 큰 수에서 작은 수를 뺀 차가 3
이 되는 경우를 모두 찾아보시오. 그리고 몇 가지나 되는지 표를
만들어서 알아보시오.

A.

풀이 4

정답

큰 수	10	9	8	7	6	5	4
작은 수	7	6	5	4	3	2	1
차	3	3	3	3	3	3	3

큰 수에서 작은 수를 뺀 차가 3이 되는 경우는 모두 7가지입니다.

500원, 100원, 50원, 10원짜리 동전이 각각 5개씩 있습니다. 이 중 8개의 동전을 가지고 만들 수 있는 금액 중 7번째로 적은 금액이 얼마인지 구하시오.

10원					
50원					
100원					
500원					
합계원					

A.

풀이 5

정답 가장 적은 금액부터 차례대로 표에 나타내면 아래와 같습니다.

10원	5	4	5	3	4	5	2
50원	3	4	2	5	3	1	6
100원	·	·	1	·	1	2	·
500원	·	·	·	·	·	·	·
합계원	200	240	250	280	290	300	320

풀이 (10원 × 2) + (50원 × 6) = 20 + 300 = 320원

48의 모든 약수를 구할 때 $48=2^4 \times 3$을 이용하여 구할 수 있습니다. 다음의 표를 이용하여 48의 모든 약수를 구하시오.

×	1	3
1		
2		
2^2		
2^3		
2^4		

풀이 6

정답

×	1	3
1	1	3
2	2	6
2^2	4	12
2^3	8	24
2^4	16	48

풀이 어떤 수의 약수와 약수의 개수는 그 수를 소인수분해하면 알 수 있습니다. 즉 $2^4 \times 3^1$에서 제곱의 자리에 있는 수에 각각 1을 더하여 곱하면 어떤 수의 약수의 개수를 구할 수 있습니다. $(4+1) \times (1+1) = 5 \times 2 = 10$개

세 종류의 막대를 이용하여 잴 수 있는 길이는 모두 몇 가지인지
구하시오.

7cm

5cm

2cm

순서	만든 길이cm	이용한 자cm
1	2	2
2	3	5-2

(가지)

풀이 7

정답

순서	만든 길이cm	이용한 자cm
1	2	2
2	3	5 − 2
3	5	5 또는 7 − 2
4	7	7 또는 5 + 2
5	9	2 + 7
6	10	7 + 5 −2
7	12	5 + 7
8	14	2 + 5 + 7

3개의 자를 이용하여 만들 수 있는 길이는 모두 8가지입니다.

들이가 8L, 6L, 2L인 그릇이 3개 있습니다. 8L들이 그릇에 가득 채워진 물을 3개의 그릇을 이용해서 4L씩 똑같이 나누는 방법을 아래의 표를 완성하여 구하시오.

횟수	8L 들이	6L 들이	2L 들이	풀 이
처음	8	0	0	물이 8L들이 그릇에 가득 채워져 있다.

𝒜.

풀이 8

정답

횟수	8L 들이	6L 들이	2L 들이	풀 이
처음	8	0	0	물이 8L들이 그릇에 가득 채워져 있다.
1	2	6	0	8L들이 그릇의 물을 6L들이의 그릇에 가득 붓는다.
2	2	4	2	6L들이 그릇의 물을 2L들이의 그릇에 가득 붓는다.
3	4	4	0	2L들이 그릇의 물을 모두 8L들이의 그릇에 붓는다.

3번 만에 4L씩 똑같이 나눌 수 있습니다.

두 자리 수 중에서 일의 자리 숫자와 십의 자리 숫자의 위치를 바꿀 때, 처음의 수보다 9만큼 커지는 수는 모두 몇 개인지 구하시오.

순서	처음 수	바꾼 수	차이
1	12	21	9

(가지)

정답

순서	처음 수	바꾼 수	차이
1	12	21	9
2	23	32	9
3	34	43	9
4	45	54	9
5	56	65	9
6	67	76	9
7	78	87	9
8	89	98	9

처음 수보다 9만큼 커지는 수는 모두 8가지입니다.

1g, 2g, 5g짜리 추가 1개씩 있습니다.
이 추를 이용하여 양팔 저울로 잴 수 있는 무게는 모두 몇 가지
인지 구하시오.

재는 무게	왼쪽 저울	오른쪽 저울
1	1	X

(가지)

정답

재는 무게	왼쪽 저울	오른쪽 저울
1	1	X
2	2	X
3	5	2
4	5	1
5	5	X
6	1, 5	X
7	2, 5	X
8	1, 2, 5	X

3개의 추를 이용하여 잴 수 있는 무게는 모두 8가지입니다.

선생님과 한들이와 샛별이가 강을 사이에 둔 A지역에서 B지역으로 건너가려고 합니다. 여기에는 배가 한 척 있는데 이 배는 최대 70kg밖에 실을 수 없습니다. 선생님의 몸무게는 70kg이고 한들이와 샛별이의 몸무게는 35kg입니다. 어떻게 하면 강을 건널 수 있는지 구하시오.

횟수	A	건너는 방향	B	방법
처음	선생님 한들, 샛별			A지역에 있는 선생님과 한들이 샛별이가 강을 건너려고 합니다.

정답

횟수	A	건너는 방향	B	방법
처음	선생님, 한들, 샛별			A지역에 있는 선생님과 한들이 샛별이가 강을 건너려고 합니다.
1	선생님	→	한들, 샛별	한들이와 샛별이가 B지역으로 건너온다.
2	선생님, 샛별	←	한들	샛별이 혼자 A지역으로 건너간다.
3	샛별	→	한들, 선생님	선생님 혼자 B지역으로 건너온다.
4	샛별, 한들	←	선생님	한들이 혼자 A지역으로 건너간다.
5		→	선생님, 한들, 샛별	한들, 샛별이가 B지역으로 건너온다.

다섯 번 만에 선생님과 한들이와 샛별이는 강을 건널 수 있습니다.

1g, 2g, 7g짜리 추 한 개씩과 양팔 저울이 있습니다.
세 개의 추와 양팔 저울을 이용하여 잴 수 있는 무게는 모두 몇
가지인지 구하시오.

횟수	잴 수 있는 무게 g	방 법
1	1	1g
2	2	2g
3	3	1g + 2g
⋮	⋮	⋮

풀이 12

정답

횟수	잴 수 있는 무게 g	왼쪽 저울 g	오른쪽 저울 g
1	1	1	
2	2	2	
3	3	1 + 2	
4	4	7	1 + 2
5	5	7	2
6	6	7	1
7	7	7	
8	8	7 + 1	
9	9	7 + 2	
10	10	7 + 2 + 1	

3개의 추를 이용하여 잴 수 있는 무게는 모두 10가지입니다.

어느 주유소에는 A, B 두 개의 석유 저장 탱크가 있습니다. 처음에 A탱크에서 B탱크에 있는 양만큼의 석유를 B탱크에 옮겨 부었습니다. 그리고 다음 날 B탱크에서 A탱크에 있는 양만큼의 석유를 다시 A탱크에 옮겨 부었습니다. 그리고 그 다음 날 또 A탱크에서 B탱크에 있는 양만큼 옮겨 부었더니 두 탱크의 석유가 각각 360L로 같아졌습니다.

처음 A, B 두 탱크에 들어 있던 석유의 양은 각각 얼마씩이었는지 구하시오.

날짜	A탱크	B탱크
마지막 날	360	360
그 다음 날		

정답

날짜	A탱크	B탱크
마지막 날	360	360
그 다음 날	540	180
다음 날	270	450
첫째 날	495	225

A탱크에는 495L, B탱크에는 225L가 있었습니다.

스크루지 영감의 금고 열기

'어느 누구도 이 금고는 열지 못할 거야.'

지독한 구두쇠, 스크루지 영감이 새롭게 장만한 금고를 닫으며 생각했습니다. 그 때 마침 종업원 보브가 들어왔습니다.

"아저씨, 메리 크리스마스!"

"이 얼빠진 녀석아! 성탄절이라고 해서 돈이 나오냐? 밥이 나오냐? 헛소리하지 말고 어서 청소나 해!"

보브는 캐럴을 흥얼거리면서 부지런히 청소를 했습니다.

'정말 이상해. 저 녀석은 가난한데 왜 저렇게 즐거운 거지?'

그날 밤이었습니다. 꿈속에서 유령이 나타나, 스크루지 영감에게 그의 과거와 현재, 그리고 미래의 모습을 생생하게 보여주었습니다. 꿈속에서의 자신의 모습은 마치 악마와 다름없이 느껴졌습니다.

"으악!"

스크루지 영감은 벌떡 일어났습니다. 온몸에 식은땀이 흘렀습니다.

'그래! 이제 새로운 사람이 되는 거야. 일단 금고부터 열어서 불쌍한 아이들을 도와줘야지.'

스크루지 영감이 금고로 가서 문을 열려는 순간이었습니다.

'그런데, 새 금고 비밀번호가 뭐였지? 0과 1만 들어간 세 자리 수였는데…….'

스크루지 영감은 이 사정을 보브에게 이야기했습니다.

과연 보브는 몇 번을 시험해 보아야 하는지 구해 보시오.

첫째 자리 수							
둘째 자리 수							
셋째 자리 수							

(번)

A.

정답

첫째 자리 수	0	0	0	0	1	1	1	1
둘째 자리 수	0	0	1	1	0	0	1	1
셋째 자리 수	0	1	0	1	0	1	0	1

보브는 최대한 8번 만에 금고 문을 열 수 있습니다.

500원짜리 인형을 사기 위해서 동전을 모으기로 하였습니다. 모을 수 있는 동전은 10원, 100원, 500원짜리입니다. 동전을 모으는 방법은 몇 가지나 있는지 표를 그려서 구하시오.

(　　　가지)

A.

정답

500원	1	0	0	0	0	0	0
100원	0	5	4	3	2	1	0
10원	0	0	10	20	30	40	50
합계	500	500	500	500	500	500	500

세 종류의 동전으로 500원을 모을 수 있는 방법은 모두 7가지
입니다.

100원짜리, 200원짜리, 500원짜리 우표가 각각 8개, 4개, 1개가 있습니다. 우편 요금이 900원인 편지에 우표를 붙이는 방법은 모두 몇 가지인지 표를 그려서 구하시오.

(　　 가지)

500원짜리 우표 개수	1							
200원짜리 우표 개수	0							
100원짜리 우표 개수	4							
합 계	900							

A.

풀이 16

정답

500원짜리 우표 개수	1	1	1	0	0	0	0	0
200원짜리 우표 개수	0	1	2	1	2	3	4	0
100원짜리 우표 개수	4	2	0	7	5	3	1	9
합 계	900	900	900	900	900	900	900	900

우편 요금이 900원인 편지에 우표를 붙이는 방법은 모두 8가지
입니다.

은수, 준희, 가람이네 집에는 모두 16마리의 애완동물이 있습니다. 16마리 중 3마리는 개이고, 고양이는 그것의 두 배입니다. 그리고 토끼와 햄스터도 몇 마리 있습니다. 준희네 집 사람들은 개와 햄스터를 싫어합니다. 그러나 고양이 4마리와 토끼 2마리를 기르고 있습니다.

가람이네 집에는 개 1마리와 다른 애완동물 2마리가 있는데, 그 2마리는 모두 토끼입니다. 은수네 집에는 3마리의 토끼와 다른 동물들이 몇 마리 있습니다.

세 사람이 기르는 애완동물은 어떤 것들이 몇 마리씩인지 표를 그려서 구하시오.

𝒜.

풀이 17

정답

	은수	준희	가람
개	2	0	1
고양이	0	4	0
토끼	3	2	2
햄스터	2	0	0
합계	7	6	3

다섯 개의 직선을 그어 원을 나누려고 합니다. 최대한 몇 조각으로 나눌 수 있는지 구하시오.

직선	1	2	3	4	5
조각					

풀이 18

정답

직선	1	2	3	4	5
조각	2	4	7	11	16

+2   +3   +4   +5

5개의 직선으로 원은 최대 16조각으로 나뉩니다.

지금 혜수는 10살, 아버지의 나이는 40살입니다.

현재 아버지의 나이는 혜수의 나이의 4배가 됩니다.

아버지의 나이가 혜수 나이의 3배가 되려면 앞으로 몇 년 뒤가

될지 구하시오.

(　　 년 뒤)

	현재							
혜수의 나이	10							
아버지의 나이	40							

𝒜.

풀이 19

정답

	현재	1년 뒤	2년 뒤	3년 뒤	4년 뒤	5년 뒤	…
혜수의 나이	10	11	12	13	14	15	…
아버지의 나이	40	41	42	43	44	45	…

5년 뒤에 아버지의 나이는 혜수 나이의 3배가 됩니다.

다음 그림에서 예각은 모두 몇 개인지 표를 채워서 구하시오.

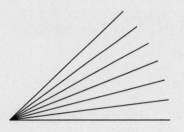

각의 종류	개수
각 1개로 된 각	

정답

각의 종류	개수
각 1개로 된 각	6
각 2개로 된 각	5
각 3개로 된 각	4
각 4개로 된 각	3
각 5개로 된 각	2
각 6개로 된 각	1

풀이 모든 각의 개수를 식으로 구해 보면,

$6+5+4+3+2+1=16$개

[문제 21] – 6교시

그림과 같이 원에 직선을 그어 최대한 많은 부분으로 나누려고
합니다.

6개의 직선을 그었을 때, 직선이 서로 만나서 생기는 점은 모두
몇 개인지 구하시오.

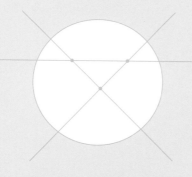

직선이 3개일 때 ⇒

직선에 의해 생기는 점은 3개

직선의 개수	2	
점의 수 개	1	

(개)

정답

직선의 개수	2	3	4	5	6
점의 수 개	1	3	6	10	15

　　　　+2　　　+3　　　+4　　　+5

6개의 직선에 의해 생기는 교점은 최대 15개입니다.

두 수 A, B가 있습니다. A와 B가 다음과 같은 관계에 있을 때, A와 B를 각각 구하시오.

$$A \times B = 399, \quad A - B = 2$$

A									
B									
곱									
차									

A.

정답

A	15	16	17	18	19	20	21
B	13	14	15	16	17	18	19
곱	195	224	255	288	323	360	399
차	2	2	2	2	2	2	2

따라서 A = 21 , B = 19 이다.

기성이는 방학을 이용하여 10일 동안 아르바이트를 하기로 하였습니다.

보수를 받는 방법은 한 번에 30000원을 받는 방법과, 첫째 날에는 1원, 둘째 날에는 3원, 셋째 날에는 9원, 넷째 날에는 27원, …… 의 방법으로 10일 동안 보수를 받는 두 가지 방법이 있습니다. 어떤 방법으로 보수를 받는 것이 얼마나 더 이익인지 구하시오.

1일	2일	3일	4일	5일	6일	7일	8일	9일	10일
1	3	9							

A.

정답

1일	2일	3일	4일	5일	6일	7일	8일	9일	10일
1	3	9	27	81	243	729	2187	6561	19683

풀이 1+3+9+27+81+243+729+2187+6561+19683=
29524원 모두 더하면 29524원이므로 30000원을 한 번에
받는 것이 476원 이익입니다.

작은 정사각형의 개수가 다음과 같은 규칙으로 늘어나며 도형이 만들어지고 있습니다. 8번째 모양에서는 작은 정사각형의 개수가 몇 개인지 구하시오.

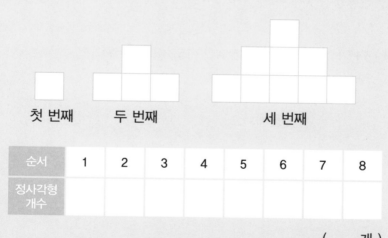

첫 번째   두 번째   세 번째

순서	1	2	3	4	5	6	7	8
정사각형 개수								

(개)

정답

순서	1	2	3	4	5	6	7	8
정사각형 개수	1	1+3	1+3+5	1+3+5+7	1+3+5+7+9	1+3+5+7+9+11	1+3+5+7+9+11+13	1+3+5+7+9+11+13+15

$$1+3+5+7+9+11+13+15 = (1+15) \times 8 \div 2 = 64$$ 개

직사각형 모양의 종이 위에 원 한 개를 그리면 2개의 부분으로 나뉩니다.

직사각형 모양의 종이 위에 12개의 원을 그렸습니다.

이 12개의 원에 의해 직사각형 종이가 가장 많은 부분으로 나뉜다면 몇 부분으로 나누어지는지 구하시오.

2부분

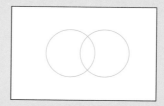

4부분

원의 수	1	2	3	4	5	6	7	8	9	10	11	12
부분의 수												

(부분)

정답 134 부분

원의 수	1	2	3	4	5	6	7	8	9	10	11	12
부분의 수	2	4	8	14	22	32	44	58	74	92	112	134

+2   +4   +6   +8   +10

풀이 원의 개수가 1개씩 더 늘어날 때마다 2개, 4개, 6개, ……
씩 더 늘어납니다. 따라서 2+2+4+6+…+22=134입니다.

종이 위에 직선을 하나 그립니다. 그리고 이 직선과 평행이 되지 않게 한 개의 직선을 더 그리면 교점이 1개가 생기고, 다시 두 직선과 평행하지도 않고 교점을 지나지도 않게 한 개의 직선을 더 그으면 교점이 3개가 됩니다.

이런 방법으로 나머지 직선과 평행하지도 않고 다른 교점을 지나지도 않게 직선을 12개 그리면 교점은 몇 개가 되는지 구하시오.

직선 수	1	2	3								
교점 수	0	1	3								

(　　　 개)

풀이 26

정답 66 개

직선 수	1	2	3	4	5	6	7	8	9	10	11	12
교점수	0	1	3	6	10	15	21	28	36	45	55	66

        1   2   3   4   5   6   7   8   9   10   11

풀이 직선의 개수가 1개씩 더 늘어날 때마다 1개, 2개, 3개,
…… 씩 더 늘어납니다. 따라서 1+2+3+…+11=66입니다.

곱해서 144가 되고, 차가 10이 되는 두 자연수를 표를 이용하여 구하시오.

𝒜.

풀이 27

정답

큰 수	11	12	13	14	15	16	17	18
작은 수	1	2	3	4	5	6	7	8
곱	11	24	39	56	75	96	119	144

풀이 $18-8=10$, $18 \times 8=144$

따라서 두 수는 18과 8입니다.

정환이와 준희는 남자 어린이이고, 소연이와 한나는 여자 어린이입니다. 이들은 학교 수학경시대회에서 각각 1등, 2등, 3등, 4등을 하였습니다. 다음 사실을 바탕으로 누가 몇 등을 했는지 알아보시오.

1) 1등을 한 학생은 소연이와 친하다. 그러나 그녀는 소연이와 자주 만나지 못한다.

2) 준희는 한나와 또 다른 소녀와 수학 공부를 같이 했었다. 그러나 그는 수학경시대회에서 다른 학생들보다 낮은 등수를 받고 말았다.

3) 정환이는 소연이보다 수학경시대회에서 높은 등수를 받았다.

	정환	소연	한나	준희
1등				
2등				
3등				
4등				

풀이 28

정답

	정환	소연	한나	준희
1등	×	×	○	×
2등	○	×	×	×
3등	×	○	×	×
4등	×	×	×	○

1등 : 한나,   2등 : 정환,   3등 : 소연,   4등 : 준희

미라, 연순, 영정, 주영, 미연이의 키를 재었더니 모두 키가 달랐습니다.

다음의 사실을 바탕으로 가장 키가 큰 사람을 구하시오.

1) 연순 < 미연
2) 주영 > 미연
3) 영정 > 미라
4) 주영 > 영정

이름 \ 키 순서	1	2	3	4	5
미라					
연순					
영정					
주영					
미연					

정답

이름 \ 키 순서	1	2	3	4	5
미라	×	×			
연순	×	×			
영정	×				×
주영	○	×	×	×	×
미연	×				×

주어진 조건으로 위와 같은 표가 만들어졌습니다.

따라서 키가 가장 큰 사람은 주영이입니다.

우리 집에서는 고양이, 개, 새를 애완동물로 기르고 있습니다. 애완동물의 이름은 발발이, 까불이, 예쁜이이며, 베란다, 거실, 안방에서 살고 있습니다. 다음 사실을 바탕으로 고양이, 개, 새의 이름과 사는 곳을 알아보시오. 단, 크기는 개 〉 고양이 〉 새입니다.

1) 고양이의 이름은 예쁜이가 아닙니다.
2) 발발이는 안방에서 사는 동물보다 큽니다.
3) 거실에 사는 동물은 새에게 자주 달려듭니다.
4) 발발이는 거실에서 새끼를 낳았습니다.

	고양이	개	새	베란다	거실	안방
발발이						
까불이						
예쁜이						
베란다						
거실						
안방						

풀이 30

정답

	고양이	개	새	베란다	거실	안방
발발이	×	○	×	×	○	×
까불이	○	×	×	×	×	○
예쁜이	×	×	○	○	×	×
베란다	×	×	○			
거실	×	○	×			
안방	○	×	×			

고양이 – 까불이 –베란다

개 – 발발이 – 거실

새 – 예쁜이 – 안방

범수, 현태, 성준이는 스포츠를 매우 좋아합니다.

이들이 좋아하는 스포츠는 야구, 축구, 배구이며, 이들의 성은 김, 박, 최입니다. 다음의 사실을 바탕으로 그들이 좋아하는 스포츠와 그들의 성을 알아보시오.

1) 최와 축구를 좋아하는 사람은 같은 동네에 산다.
2) 박은 형제들의 돌림자가 '수'자이다.
3) 현태의 성은 김이 아니다.
4) 범수는 배구를 좋아합니다.

	김	박	최	야구	축구	배구
범수						
현태						
성준						
야구						
축구						
배구						

정답

	김	박	최	야구	축구	배구
범수	×	○	×	×	×	○
현태	×	×	○	○	×	×
성준	○	×	×	×	○	×
야구	×	×	○			
축구	○	×	×			
배구	×	○	×			

김 – 성준 – 축구

박 – 범수 – 배구

최 – 현태 – 야구

오늘 선영이와 지희, 혜미는 각각 영어, 수학, 국어 가운데 한 과목씩 시험을 보았습니다. 그 성적은 90점, 80점, 70점이었습니다. 다음 사실을 바탕으로 누가 어떤 시험을 보았으며 그 성적은 어떠했는지 알아보시오.

1) 선영의 성적은 지희의 성적보다 낮았고, 수학 시험의 성적보다도 낮았다.
2) 국어 시험의 성적이 수학 시험의 성적보다 높았다.

	영어	수학	국어	90	80	70
선영						
지희						
혜미						
90						
80						
70						

풀이 32

정답

	영어	수학	국어	90	80	70
선영	○	×	×	×	×	○
지희	×	×	○	○	×	×
혜미	×	○	×	×	○	×
90	×	×	○			
80	×	○	×			
70	○	×	×			

선영 – 영어 – 70

지희 – 국어 – 90

혜미 – 수학 – 80

A, B, C, D 네 사람은 모두 군인이며 모두 별을 단 장군입니다. 그들의 계급은 각각 준장 ★, 소장 ★★, 중장 ★★★, 대장 ★★★ ★입니다.

다음의 사실을 바탕으로 각자의 계급을 알아보시오.

1) C의 계급은 B의 계급보다 높고, D의 계급보다 낮다.
2) B의 계급은 준장 ★이 아니다.

	준장	소장	중장	대장
A				
B				
C				
D				

풀이 33

정답

계급 사람	준장	소장	중장	대장
A	○	×	×	×
B	×	○	×	×
C	×	×	○	×
D	×	×	×	○

A : 준장 ★

B : 소장 ★★

C : 중장 ★★★

D : 대장 ★★★★

A, B, C, D, E 다섯 사람이 공 던지기 시합을 하였습니다.
각자의 등수를 물었더니 다음과 같이 대답하였습니다.
각자의 등수를 구하시오.

A : 나는 1등도, 2등도, 3등도 아니다.

B : 나는 3등도, 4등도 아니다.

C : 나는 1등도, 2등도 아니다.

D : 나는 A, B 모두에게 졌다.

E : 나는 B에게는 졌지만 A에게는 이겼다.

	A	B	C	D	E
1등					
2등					
3등					
4등					
5등					

풀 이 34

정답

	A	B	C	D	E
1등	×	○	×	×	×
2등	×	×	×	×	○
3등	×	×	○	×	×
4등	○	×	×	×	×
5등	×	×	×	○	×

1등 : B, 2등 : E, 3등 : C, 4등 : A, 5등 : D

갑, 을, 병 세 사람이 세 번의 카드 게임을 하였습니다.
매 게임마다 진 사람은 자기가 가지고 있는 돈의 절반을 나머지
두 사람에게 똑같이 나누어 주기로 하였습니다. 처음에는 갑이,
두 번째에는 을이, 세 번째에는 병이 졌습니다. 게임이 끝난 후
세 사람은 돈을 4000원씩 가지게 되었습니다. 처음에 가지고 있
던 돈은 각각 얼마씩이었는지 구하시오.

사람 횟수	갑	을	병
마지막	4000원	4000원	4000원
세 번째			
두 번째			
첫 번째			

풀이 35

정답

사람 횟수	갑	을	병
마지막	4000원	4000원	4000원
세 번째	2000원	2000원	8000원
두 번째	1000원	4000원	7000원
첫 번째	2000원	3500원	6500원

갑 : 2000원 ,　을 : 3500원 ,　병 : 6500원

A, B, C, D, E 다섯 사람이 달리기 시합을 하였습니다. 각 사람의 등수를 물으니 다음과 같이 대답하였습니다. A는 몇 등인지 표를 그려서 구하시오.

A : 나는 1등도 3등도 아니다.

B : 나는 3등도 4등도 아니다.

C : 나는 1등도 2등도 아니다.

D : 나는 A, B 모두에게 졌다.

E : 나는 B에게는 졌지만 A에게는 이겼다.

 A.

풀이 36

정답

등수＼사람	A	B	C	D	E
1등	×	○	×	×	×
2등	×	×	×	×	○
3등	×	×	○	×	×
4등	○	×	×	×	×
5등	×	×	×	○	×

A는 4등입니다.

120원짜리 사탕과 170원짜리 사탕 그리고 200원짜리 사탕이 적어도 한 개씩 있고 합해서 15개가 있습니다. 각 사탕들의 개수는 손님들에게 팔았을 때 받을 수 있는 가능한 금액 중에서 5번째로 큰 금액이었습니다. 각각의 사탕은 몇 개씩이었는지 구하시오.

120원짜리 사탕					
170원짜리 사탕					
200원짜리 사탕					
합계					

120원짜리 (개)

170원짜리 (개)

200원짜리 (개)

A.

풀이 1

정답

120원짜리 사탕	1	2	1	1	2
170원짜리 사탕	1	2	2	3	1
200원짜리 사탕	13	11	12	11	12
합계	2890	2880	2860	2830	2810

120원짜리 – 2개

170원짜리 – 1개

200원짜리 – 12개

준희, 재원, 현석이는 모두 합쳐 30개의 CD를 가지고 있습니다. 그 가운데 15개는 영화 CD이고, 나머지는 음악 CD이거나 배드민턴에 관한 CD입니다.

준희는 영화 CD 3개와 음악 CD 3개를 가지고 있습니다. 현석이는 8개의 CD를 가지고 있는데 이 중 4개는 영화 CD입니다. 재원이가 가지고 있는 배드민턴 CD수는 준희가 가지고 있는 영화 CD수와 같습니다. 현석이가 가지고 있는 배드민턴 CD수는 준희가 가지고 있는 영화 CD수와 같습니다. 준희가 가지고 있는 배드민턴 CD수는 현석이의 영화 CD수와 같습니다.

누가 각각의 CD를 몇 개씩 가지고 있는지 표를 그려서 구하시오.

A.

풀이 2

정답

	준희	재원	현석
영화	3	8	4
음악	3	1	1
배드민턴	4	3	3
합계	10	12	8

1에서 10까지의 수가 있습니다. 이 중에서 두 수의 차가 2보다 작고 0보다 크게 되는 경우를 표를 이용하여 모두 찾아보고 몇 가지가 되는지 알아보시오.

𝒜.

정답

큰수	10	9	8	7	6	5	4	3	10	9	8	7	6	5	4	3	2
작은 수	8	7	6	5	4	3	2	1	9	8	7	6	5	4	3	2	1
차	2	2	2	2	2	2	2	2	1	1	1	1	1	1	1	1	1

모두 17 가지의 경우가 있습니다.

선미가 입고 있는 옷에는 주머니가 3개 있습니다. 심부름을 해서 용돈을 받았는데 동전이 모두 8개입니다. 각각의 주머니에 동전의 숫자를 모두 다르게 넣으려고 합니다. 몇 가지 방법이 있는지 표를 그려서 구하시오.

단, 각각의 주머니에 동전을 하나 이상씩 넣기로 합니다.

A.

정답

A	5	5	4	4	3	3	2	2	1	1	1	1	6	1	1
B	1	2	1	3	1	4	1	5	2	3	4	5	1	6	1
C	2	1	3	1	4	1	5	1	5	4	3	2	1	1	6
합계	8	8	8	8	8	8	8	8	8	8	8	8	8	8	8

각각의 주머니에 동전의 숫자를 다르게 넣을 수 있는 방법은 모두 15가지입니다.

영희네는 암탉을 한 마리 기르고 있습니다. 이 암탉이 알을 낳은 다음날 다시 알을 낳을 확률은 $\frac{2}{3}$이고, 알을 낳지 않은 다음 날 알을 낳을 확률은 $\frac{1}{3}$입니다. 어느 날 알을 낳은 이 암탉이 3일 뒤에 또 알을 낳을 확률을 구하시오.

첫째 날	둘째 날	셋째 날	확률

풀이 5

정답 셋째 날 알을 낳는 경우는 다음과 같이 4가지 경우입니다.

첫째 날	둘째 날	셋째 날	확률
○	○	○	$\frac{2}{3} \times \frac{2}{3} \times \frac{2}{3} = \frac{8}{27}$
○	×	○	$\frac{2}{3} \times \frac{1}{3} \times \frac{1}{3} = \frac{2}{27}$
×	○	○	$\frac{1}{3} \times \frac{1}{3} \times \frac{2}{3} = \frac{2}{27}$
×	×	○	$\frac{1}{3} \times \frac{2}{3} \times \frac{1}{3} = \frac{2}{27}$

풀이 $\frac{8}{27} + \frac{2}{27} + \frac{2}{27} + \frac{2}{27} = \frac{14}{27}$

$\frac{14}{27}$의 확률입니다.

진경, 민희, 소희, 연진 네 사람을 일렬로 세우는 데 진경이는 첫 번째 자리를 싫어하고, 민희는 두 번째 자리를, 소희는 세 번째 자리를, 연진이는 네 번째 자리를 싫어합니다. 네 사람을 세우는 방법은 모두 몇 가지인지 구하시오.   (   ) 가지

첫 번째 자리	두 번째 자리	세 번째 자리	네 번째 자리
민희			
소희			
연진			

정답 진경이는 첫 번째 자리에서 빼고, 민희는 두 번째 자리에서
빼고, 소희는 세 번째, 연진이는 네 번째 자리에서 뺀 경우
는 다음과 같다.

첫 번째 자리	두 번째 자리	세 번째 자리	네 번째 자리
민희	진경	연진	소희
	소희	연진	진경
	연진	진경	소희
소희	진경	연진	민희
	연진	진경	민희
	연진	민희	진경
연진	진경	민희	소희
	소희	민희	진경
	소희	진경	민희

따라서 위의 조건을 만족하면서 네 사람을 세우는 방법은 9가
지입니다.

양팔 저울은 무게를 이등분할 수 있다는 성질이 있습니다. 이러한 양팔 저울의 성질을 이용하여 소금 160g중에서 65g을 덜어내는 방법을 구하시오.

횟수	소금의 무게	왼쪽 저울	오른쪽 저울
1	160g	80g	80g
2	80g		
3			
4			
5			

풀이 7

정답

횟수	소금의 무게	왼쪽 저울	오른쪽 저울
1	160g	80g	80g
2	80g	40g	40g
3	40g	20g	20g
4	20g	10g	10g
5	10g	5g	5g

풀이 양팔 저울을 5번 사용하여 65g을 덜어낼 수 있다.

40+20+5 = 65g

100원짜리 동전 4개가 다음과 같이 숫자 면이 위로 놓여 있습니다. 한 번에 3개씩 동전을 뒤집는다면 최소한 몇 번을 뒤집어야 그림면이 모두 위로 놓이는지 알아보시오.

100　　100　　100　　100

횟수	동전의 면			
처음	숫자	숫자	숫자	숫자
1				

(　　번)

정답

횟수	동전의 면			
처음	숫자	숫자	숫자	숫자
1	그림	그림	그림	숫자
2	그림	숫자	숫자	그림
3	숫자	숫자	그림	숫자
4	그림	그림	그림	그림

최소 4번 만에 그림면을 모두 위로 놓을 수 있습니다.

어느 농부가 고양이 한 마리, 토끼 한 마리, 채소 한 바구니를 가지고 A지역에서 B지역으로 건너려고 합니다. 강에는 배가 한 척밖에 없는데 고양이, 토끼, 채소 중 1가지만을 실을 수 있습니다. 그러나 고양이와 토끼만 남으면 고양이가 토끼를 잡아먹고, 토끼와 채소만 남으면 토끼가 채소를 먹어 버립니다.

최소한의 왕복으로 이것들을 안전하게 운반할 수 있는 방법을 구하시오.

횟수	A지역	B지역	방법
처음	고양이,토끼, 채소,농부	.	A지역에는 농부가 고양이, 토끼, 채소를 가지고 있습니다.
1			
2			
3			
⋮			

풀이 9

정답

횟수	A지역	B지역	방 법
처음	고양이,토끼, 채소,농부	·	A지역에 농부가 고양이, 토끼, 채소를 가지고 있습니다.
1	고양이,채소,	토끼,농부	농부가 토끼를 데리고 B지역으로 온다.
2	고양이,채소, 농부	토끼	농부 혼자 A지역으로 건너간다.
3	채소	고양이,토끼, 농부	농부가 고양이를 데리고 B지역으로 온다.
4	채소,농부, 토끼	고양이	농부가 토끼를 데리고 A지역으로 건너간다.
5	토끼	농부,채소, 고양이	농부가 채소를 가지고 B지역으로 온다.
6	농부,토끼	채소,고양이	농부 혼자 A지역으로 건너간다.
7	·	농부,토끼, 채소,고양이	농부가 토끼를 데리고 B지역으로 온다.

생선을 구울 때 앞면은 2분간 굽고, 뒷면은 1분간 구워야 합니다. 즉 생선 한 마리를 굽는데 3분이 걸립니다. 요리사가 생선을 굽는 오븐은 한 번에 2마리밖에는 구울 수 없다고 합니다.

요리사가 3마리의 생선을 구울 때, 시간이 가장 적게 걸리는 방법을 구하시오. 생선 3마리를 A, B, C라고 합니다.

횟수	오븐	시간 분	방 법
1	A앞, B앞	2	A, B의 생선을 먼저 2분간 굽는다.
⋮			

풀이 10

정답

횟수	오븐	시간 분	방 법
1	A앞, B앞	2	A, B의 생선을 먼저 2분간 굽는다.
2	C앞, B뒤	1	B생선 굽기 완성
3	C앞, A뒤	1	A생선 굽기 완성 C생선 앞면 굽기 완성
4	C뒤	1	C생선 굽기 완성

2+1+1+1=5분이면 3마리의 생선을 모두 구울 수 있습니다.

이 외에 다른 방법도 있습니다.

무인도에 표류한 두 쌍의 부부가 있다. 이 부부가 바다를 건너 육지로 건너가려고 하는 데 보트는 2인승 한 척 밖에 없다. 게다가 두 부인은 겁이 많아서 모르는 남자와 같이 보트를 타는 것을 싫어한다. 이 두 쌍의 부부가 무인도를 탈출하는 방법을 표에 설명하여라.

단, 4사람 모두 보트를 운전할 수 있다.

한 쌍의 부부 : 남자A, 여자a   다른 한 쌍의 부부 : 남자B, 여자b

횟수	무인도	건너기	육지	방 법
처음	Aa, Bb			
1		→		
2		→		
⋮				

정답

횟수	무인도	건너기	육지	방 법
처음	Aa, Bb			
1	A, B	→	a, b	부인 두 사람만 건넌다.
2	Aa, B	→	b	a부인만 무인도로 간다.
3	B	→	Aa, b	Aa 부부가 건넌다.
4	Bb	→	Aa	b부인만 무인도로 간다.
5		→	Aa, Bb	Bb 부부가 건넌다.

108 ----- 천재들이 만든 수학퍼즐 · 09

다음 그림과 막대가 3개 있고 크기가 서로 다른 7개의 원판이 한 막대에 꽂혀 있습니다. 아래의 조건에 맞게 원판을 모두 다른 막대로 옮기는 데 필요한 이동 횟수를 구하시오.

조 건

① 한 번에 한 개의 원판만을 옮긴다.
② 크기가 큰 원판은 반드시 크기가 작은 원판 아래쪽부터 있어야 한다.

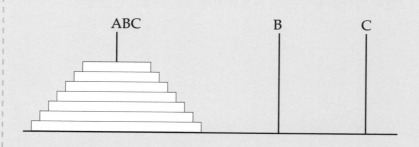

원판의 수	1	2	3	4	5	6	7
이동 횟수	1	3					

풀이 12

정답

원판의 수	1	2	3	4	5	6	7
이동 횟수	1	3	7	15	31	63	127

+2 $+2^2$ $+2^3$ $+2^4$ $+2^5$ $+2^6$

7개의 원판을 옮기는 데 필요한 이동 횟수는 127번입니다.

징검다리가 8개 있는 개울이 있습니다.

이 징검다리를 한 번에 1개 또는 2개씩 건너 뛸 수 있습니다. 이 징검다리를 건너는 방법은 모두 몇 가지인지 구하시오.

징검다리 수	1	2	3	4	5	6	7	8
가짓수	1	2						

(　　　 가지)

A.

풀이 13

정답

징검다리 수	1	2	3	4	5	6	7	8
가짓수	1	2	3	5	8	13	21	34

+1   +1   +2   +3   +5   +8   +13

늘어나는 횟수가 피보나치 수열을 이루고 있습니다. 징검다리를
건너는 방법은 모두 34가지입니다.

1년은 365일이라고 했을 때, 1년은 52주하고 하루가 남습니다. 매년 1월 1일 달력을 처음 열었을 때 날짜와 요일이 일치하면 두 해의 달력은 같다고 합니다. 2007년과 달력이 같은 해 중에서 2007년에 가장 가까운 미래의 해는 언제인지 구하시오. 2007년 1월 1일은 월요일입니다.

단, 윤년은 고려하지 않았을 경우입니다.

순서	년 도	요일
1	2007. 1. 1	월
2		
3		
4		
5		

풀이 14

정답

순서	년 도	요일
1	2007. 1. 1	월
2	2008. 1. 1	화
3	2009. 1. 1	수
4	2010. 1. 1	목
5	2011. 1. 1	금
6	2012. 1. 1	토
7	2013. 1. 1	일
8	2014. 1. 1	월

매년 1월 1일의 요일이 하나씩 뒤로 밀리므로 2007년과 달력이
일치하는 해는 7년 뒤인 2014년입니다.

909, 111, 353, 22와 같이 앞으로 읽거나 뒤로 읽어도 같은 수가
되는 것을 회문 숫자 대칭 수라고 합니다.
네 자리 수 중에서 회문 숫자가 모두 몇 개 있는지 구하시오.

1000~1999	
2000~2999	
9000~9999	

풀이 15

정답

1000~1999	1001, 1111, 1221, ⋯ , 1991 10개
2000~2999	2002, 2112, 2222, ⋯ , 2992 10개
3000~3999	3003, 3113, 3223, ⋯ , 3993 10개
4000~4999	4004, 4114, 4224, ⋯ , 4994 10개
9000~9999	9009, 9119, 9229, ⋯ , 9999 10개

$10 \times 9 = 90$개

크기와 모양이 같은 직사각형 5개를 그림과 같이 겹쳐서 그렸습니다.

굵게 칠해진 도형의 둘레의 길이를 구하시오.

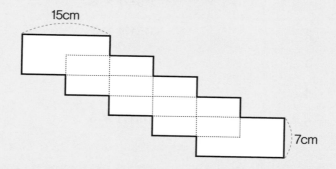

15cm

7cm

직사각형의 개수	둘레의 길이
1	
2	
3	
4	
5	

풀이 16

정답

직사각형의 개수	둘레의 길이
1	(15+7) × 2
2	(15+7) × 3
3	(15+7) × 4
4	(15+7) × 5
5	(15+7) × 6

$(15+7) \times 6 = 132\,\text{cm}$

가로 10cm, 세로 6cm인 직사각형을 그림과 같은 규칙으로 10층
까지 쌓았습니다. 둘레의 길이를 구하시오.

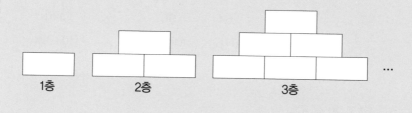

층의 개수	1	2	3	...	10
둘레의 길이				...	
규칙				...	

A.

풀이 17

정답

층의 개수	1	2	3	⋯	10
둘레의 길이	32	64	96	⋯	320
규칙	(10+6)×2	(10+6)×4	(10+6)×6	⋯	(10+6)×20

$(10+6) \times 20 = 320$ cm

그림과 같이 크기가 같은 두 개의 원이 만났을 때 생기는 점의 최대 개수는 2개입니다. 원 20개를 그린다고 할 때, 원과 원이 만나서 생기는 점의 최대 개수는 몇 개인지 알아보시오.

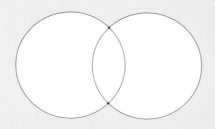

원의 개수	2	3	4	5	6	...	20
점의 개수						...	
규칙						...	

풀이 18

정답

원의 개수	2	3	4	5	6	⋯	20
점의 개수	2	6	12	20	30	⋯	380
규칙	1×2	2×3	3×4	4×5	5×6	⋯	19×20

$19 \times 20 = 380$개

다음 6장의 숫자 카드 중에서 4장을 뽑아 두 자리 수를 2개 만들 때, 두 수의 합이 99가 되는 경우는 모두 몇 가지인지 구하시오.

단, 27+36과 36+27은 한 가지의 경우로 생각합니다.

1	2	3	6	7	8

첫 번째 수	12						
두 번째 수	87						
합	99						

정답

첫 번째 수	12	21	17	71	13	31	16	61	23	32	26	62
두 번째 수	87	78	82	28	86	68	83	38	76	67	73	37
합	99	99	99	99	99	99	99	99	99	99	99	99

두 수의 합이 99가 되는 경우는 모두 12가지입니다.

㉠에서 출발하여 ㉡으로 가려고 합니다. 길은 위쪽에서 아래쪽으로만 갈 수 있습니다. ㉡으로 갈 수 있는 방법은 모두 몇 가지인지 구하시오.

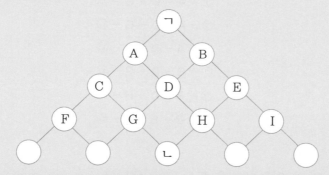

순서	진행 순서
1	㉠ – A – C – G – ㉡
2	
3	
4	
5	
6	

정답

순서	진행 순서
1	㉠ - A - C - G - ㉡
2	㉠ - A - D - G - ㉡
3	㉠ - A - D - H - ㉡
4	㉠ - B - D - G - ㉡
5	㉠ - B - D - H - ㉡
6	㉠ - B - E - H - ㉡

㉡으로 갈 수 있는 방법은 모두 6가지입니다. 위의 문제는 파스칼

의 삼각형을 이용하여 해결해도 됩니다.

깊이가 25m인 물탱크가 있습니다. 매일 정오_{낮12시}부터 다음날 오전 6시까지 18시간 동안 물을 받는데 이때 물탱크의 수면이 6m 높아집니다.

그리고 오전 6시부터 정오_{낮12시}까지 물을 사용하기 때문에 수면의 높이가 2m 내려갑니다. 매일 이렇게 물을 받고 사용한다면 물탱크가 넘치는 것은 며칠째가 되는지 구하시오. 단, 처음 물탱크는 비어있다.

물의 양 \ 날짜	1일	2일					
받는 양							
합							
쓰는 양							
남은 물							

풀이 21

정답

물의 양＼날짜	1일	2일	3일	4일	5일	6일
받는 양	6	6	6	6	6	6
합	6	10	14	18	22	26
쓰는 양	2	2	2	2	2	2
남은 물	4	8	12	16	20	24

물은 6일째 되는 날 넘칩니다.

아래의 그림과 같은 모양의 통로에서 P에 공을 넣을 때 A, B, C, D로 나올 수 있는 경우의 수를 표를 그려서 모두 구하시오.

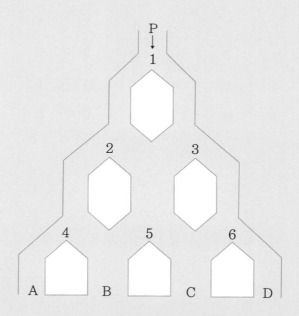

풀이 22

정답 공을 P에 넣어 공이 통과하는 과정을 표로 나타내면 다음
과 같습니다.

1	1	1	1	1	1	1	1
2	2	2	2	3	3	3	3
4	4	5	5	5	5	6	6
A	B	B	C	B	C	C	D

모두 8가지입니다. 파스칼의 삼각형을 이용하여 해결해도 됩니다.

조그마한 배가 항해 중 암초에 부딪혀 물이 차서 침몰하기 시작하였습니다.

처음 1km를 가면서 10L의 물이 차고, 다음 1km를 가면서 15L의 물이 더 차고, 다음 1km를 가면서 20L의 물이 더 찼습니다. 이 배는 270L의 물이 차면 완전히 물에 잠기게 됩니다. 이 배가 암초에 부딪힌 다음 완전히 물에 잠길 때까지 몇 km를 갈 수 있는지 표를 만들어 구하시오.

$\mathcal{A}.$

정답

물의 양＼거리	1km	2km	3km	4km	5km	6km	7km	8km	9km
물의 양	10	15	20	25	30	35	40	45	50
합계	10	25	45	70	100	135	175	220	270

이 배는 물에 완전히 잠길 때까지 9km를 더 갈 수 있습니다.

합이 10이 되는 자연수들을 곱할 때 나올 수 있는 값 중 가장 큰 것은 얼마인지 구하시오. 단, 같은 수를 두 번 써도 됩니다.

순서	합 10	곱
1	9+1	9
2	8+2	16
3		
⋮		

풀이 24

정답

순서	합 10	곱
1	9 + 1	9
2	8 + 2	16
3	7 + 3	21
4	6 + 4	24
5	5 + 3 + 2	30
6	4 + 3 + 3	36
7	3 + 3 + 2 + 2	36

가장 큰 수는 $3 \times 3 \times 2 \times 2 = 36$ 과 $4 \times 3 \times 3 = 36$ 입니다.

이 문제는 서기 300년에 유클리드가 만든 수수께끼입니다.

노새 한 마리와 당나귀 한 마리가 옥수수자루를 싣고 가고 있었습니다. 그러던 중 노새가 당나귀에게 말했습니다.

"네가 나에게 자루를 하나 주면, 나는 너 보다 두 배를 싣고 가는 셈이야. 그렇지만 내가 너에게 자루 하나를 주면, 우리는 똑같은 짐을 지고 가는 셈이 되지?"

노새와 당나귀는 각각 옥수수자루 몇 개씩을 지고 가고 있었을까요?

순서	처음 싣고 가던 옥수수자루 수		당나귀가 노새에게 한 자루 줄 때	
	노새의 옥수수자루 수	당나귀의 옥수수자루 수	노새의 옥수수자루 수	당나귀의 옥수수자루 수
1	3	1		
2				
3				
4				
5				

정답 노새 7자루, 당나귀 5자루

순서	처음 싣고 가던 옥수수자루 수		당나귀가 노새에게 한 자루 줄 때	
	노새의 옥수수자루 수	당나귀의 옥수수자루 수	노새의 옥수수자루 수	당나귀의 옥수수자루 수
1	3	1	4	0
2	4	2	5	1
3	5	3	6	2
4	6	4	7	3
5	7	5	8	4

풀이 노새가 당나귀에게 한자루를 주면 둘의 개수가 같아지므로, 처음에는 노새의 옥수수자루 수가 2개 더 많다는 결과가 나옵니다.

과녁 맞히기 놀이를 하고 있습니다. 과녁의 점수는 작은 원 안에서부터 차례로 36, 24, 16, 12, 10이고 원 밖을 맞출 경우에는 2점을 줍니다. 화살을 4번 쏘아 합계가 60점인 경우를 구하시오.

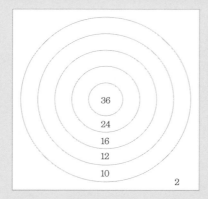

1번 화살						
2번 화살						
3번 화살						
4번 화살						
합계60점						

정답 답은 5가지 (36, 12, 10, 2)

(24, 12, 12, 12)

(24, 16, 10, 10)

(24, 24, 10, 2)

(16, 16, 16, 12)

수현, 정아, 윤기, 정훈, 경욱 이렇게 다섯 사람은 수학, 사회, 국어, 과학, 영어 교과목 가운데 각각 한 과목을 잘 합니다.
다음의 사실을 바탕으로 누가 어느 과목을 잘 하는지 알아보시오.

1) 윤기, 정아, 영어를 잘 하는 사람, 정훈, 사회를 잘 하는 사람은 모두 함께 영화를 보러 갔다.

2) 정아, 국어를 잘 하는 사람, 수현, 사회를 잘 하는 사람은 함께 여행을 갔다.

3) 윤기와 국어를 잘 하는 사람이 과학을 잘 하는 사람과 함께 식사를 했다.

과목 학생	수학	사회	국어	과학	영어
수현					
정아					
윤기					
정훈					
경욱					

풀이 27

정답

학생＼과목	수학	사회	국어	과학	영어
수현	×	×	×	×	○
정아	×	×	×	○	×
윤기	○	×	×	×	×
정훈	×	×	○	×	×
경욱	×	○	×	×	×

수현 : 영어,   정아 : 과학

윤기 : 수학,   정훈 : 국어,   경욱 : 사회

갑순, 을동, 병권 세 사람은 직업을 두 개씩 가지고 있습니다. 이들의 직업은 화가, 시인, 작곡가, 선생님, 의사, 설계사로 서로 다릅니다. 다음 사실을 바탕으로 갑순, 을동, 병권 세 사람의 두 가지 직업을 구하시오.

1) 의사는 화가에게 내일 같이 식사를 하자고 했습니다.

2) 선생님과 시인은 갑순이를 좋아합니다.

3) 화가는 작곡가와 고향 친구입니다.

4) 의사는 선생님을 치료해 주었습니다.

5) 을동이는 시인의 마을에 산다.

6) 병권이는 바둑을 두어 을동이와 화가를 이겼다.

직업 ＼ 사람	갑순	을동	병권
화가			
시인			
작곡가			
선생님			
의사			
설계사			

풀이 28

정답

직업＼사람	갑순	을동	병권
화가	○	×	×
시인	×	×	○
작곡가	×	○	×
선생님	×	○	×
의사	×	×	○
설계사	○	×	×

갑순 – 화가 – 설계사

을동 – 작곡가 – 선생님

병권 – 시인 – 의사

승철, 준석, 회수, 철웅이는 서로 친구들인데 그들이 입고 있는 스웨터 색깔은 검은색, 빨강색, 흰색, 노란색입니다.

다음 사실을 바탕으로 누가 어떤 색깔의 스웨터를 입고 있는지 알아보시오.

1) 준석이와 회수는 흰색 스웨터를 입고 있는 친구와 함께 영화를 보러 갔다.

2) 철웅이는 빨간색 스웨터를 입은 친구와 검은색 스웨터를 입은 친구와 함께 악수하고 있는 것을 보았다.

3) 노란색 스웨터를 입은 친구는 승철이와 철웅이 보다 자기의 스웨터가 더 예쁘다고 생각한다.

4) 준석이의 스웨터는 검정색이다.

학생 \ 스웨터	검은색	빨강색	흰색	노랑색
승철				
준석				
회수				
철웅				

풀이 29

정답

	검은색	빨강색	흰색	노랑색
승철	×	○	×	×
준석	○	×	×	×
회수	×	×	×	○
철웅	×	×	○	×

승철 −빨강색, 준석 −검은색, 회수 −노랑색, 철웅 −흰색

다음에 주어진 사실들의 관계를 알아봅시다.

사실 1 | 세 명의 소년 경규, 지혁, 창준은 9개의 연필과 6개의 지우개를 가지고 있다.

사실 2 | 합해서 총 15개의 필기도구를 가지고 있다.

사실 3 | 경규는 3개의 지우개를 가지고 있고, 지혁은 같은 수의 연필을 가지고 있다.

사실 4 | 지혁은 4개를 가지고 있는 경규보다 1개 더 많은 필기도구를 가지고 있다.

사실 5 | 창준은 경규가 가지고 있는 연필의 개수만큼 지우개를 가지고 있다.

그렇다면 경규는 몇 개의 연필을 가지고 있고 창준은 모두 몇 개의 필기도구를 가지고 있는지 표를 그려서 구하시오.

A.

풀이 30

정답

	경규	지혁	창준
연필9개	1	3	5
지우개6개	3	2	1
필기도구15개	4	5	6

경규는 1개의 연필, 창준은 6개의 필기도구를 가지고 있습니다.

두석, 인준 그리고 하림은 남자 어른이고, 경옥은 여자 어른입니다. 이들의 성은 각각 김, 정, 박, 최입니다. 그들의 직업은 과학자, 운전사, 운동선수, 건축가입니다. 다음 설명을 바탕으로 그들의 성명과 직업을 알아보시오.

1) 운전사는 박 씨나 김 씨가 아니고 성격이 조용합니다.
2) 박 씨는 운동선수가 아니며, 정 씨보다는 나이가 많고 인준이보다는 어립니다.
3) 최 양은 두석이가 아니고 열심히 연구하고 있으며, 건물 짓는 일에 종사하지 않는다.
4) 두석이는 건축업자가 아니다.

	김	정	박	최	과학자	운전사	운동선수	건축가
두석								
경옥								
인준								
하림								
과학자								
운전사								
운동선수								
건축가								

풀 이 31

정답

	김	정	박	최	과학자	운전사	운동선수	건축가
두석	×	○	×	×	×	○	×	×
경옥	×	×	×	○	○	×	×	×
인준	○	×	×	×	×	×	○	×
하림	×	×	○	×	×	×	×	○
과학자	×	×	×	○				
운전사	×	○	×	×				
운동선수	○	×	×	×				
건축가	×	×	○	×				

정 – 두석 – 운전사

최 – 경옥 – 과학자

김 – 인준 – 운동선수

박 – 하림 – 건축가

[문제 32] – 9교시

종태와 호남이는 남자 어린이이고, 민지와 윤나는 여자 어린이입니다. 이 네 사람의 성은 서, 임, 홍, 정이고, 이들의 나이는 10살, 11살, 12살, 13살입니다. 각자의 성명과 나이를 알아보시오.

1) 홍은 어머니에게 정양과는 친하지 않다고 말했다.
2) 호남이와 10살인 소년은 같은 태권도장을 다닌다.
3) 서는 민지보다는 나이가 많고 윤나보다는 나이가 적다.
4) 임이 가장 나이가 많다.

	서	임	홍	정	10	11	12	13
종태								
민지								
호남								
윤나								
10								
11								
12								
13								

풀이 32

정답

	서	임	홍	정	10	11	12	13
종태	×	×	○	×	○	×	×	×
민지	×	×	×	○	×	○	×	×
호남	○	×	×	×	×	×	○	×
윤나	×	○	×	×	×	×	×	○
10	×	×	○	×				
11	×	×	×	○				
12	○	×	×	×				
13	×	○	×	×				

홍 – 종태 – 10살

정 – 민지 – 11살

서 – 호남 – 12살

임 – 윤나 – 13살

정연, 현미, 수지는 철우, 광재, 찬기의 딸입니다. 아버지의 직업은 각각 선생님, 목사, 의사입니다. 다음 사실을 바탕으로 누가 어떤 직업을 가진 누구의 딸인지 알아보시오.

1) 목사 딸의 같은 반 친구가 정연이다.
   그러나 그녀는 현미와 자주 놀러 다닌다.
2) 철우의 딸은 현미와 의사의 딸에게 선물을 주었다.
3) 광재는 의사가 아니다.

	목사	선생님	의사	정연	현미	수지
철우						
광재						
찬기						
정연						
현미						
수지						

정답

	목사	선생님	의사	정연	현미	수지
철우	○	×	×	×	×	○
광재	×	○	×	×	○	×
찬기	×	×	○	○	×	×
정연	×	×	○			
현미	×	○	×			
수지	○	×	×			

정연 – 찬기 – 의사

현미 – 광재 – 선생님

수지 – 철우 – 목사

A, B, C, D 네 사람이 등산을 갔습니다. 네 사람은 점심시간이 가까워지자 밥을 해 먹기로 했습니다. 그래서 네 사람은 각기 다른 일을 맡기로 했는데, 한 사람은 물을 길어 오고, 한 사람은 반찬을 준비하고, 한 사람은 밥을 하고, 한 사람은 설거지를 하기로 했습니다. 다음의 사실을 바탕으로 네 명이 각각 어떤 일을 했는지 구하시오.

1) A는 물을 길지 않고 밥을 하지 않았습니다.

2) B는 설거지를 하지 않고 물도 길지 않았습니다.

3) 만약 A가 설거지를 하지 않았다면 C는 물을 길어 오지 않았습니다.

4) D는 물을 길어 오지 않았고 밥도 하지 않았습니다.

	물	반찬	밥	설거지
A				
B				
C				
D				

정답

	물	반찬	밥	설거지
A	×	×	×	○
B	×	×	○	×
C	○	×	×	×
D	×	○	×	×

A – 설거지, B – 밥, C – 물 길어오기, D – 반찬

홍, 이, 박 씨 성을 가진 세 사람이 서울, 대구, 부산에서 일하고 한 사람은 경찰, 한 사람은 교수, 한 사람은 검사입니다. 그렇다면 홍, 이, 박 씨 성을 가진 사람은 각각 어느 도시에서 일하고, 직업은 무엇인지 구하시오.

1) 홍 씨는 서울에 살고 있지 않고 경찰은 아닙니다.
2) 이 씨는 대구에 살고 있지 않습니다.
3) 서울에서 일하는 사람은 경찰이 아닙니다.
4) 대구에서 일하는 사람은 교수입니다.
5) 이 씨는 검사가 아닙니다.

	서울	대구	부산	경찰	교수	검사
홍						
이						
박						
경찰						
교수						
검사						

풀이 35

정답

	서울	대구	부산	경찰	교수	검사
홍	×	○	×	×	○	×
이	×	×	○	○	×	×
박	○	×	×	×	×	○
경찰	×	×	○			
교수	×	○	×			
검사	○	×	×			

홍씨 – 대구 – 교수

이씨 – 부산 – 경찰

박씨 – 서울 – 검사

A, B, C 세 사람이 다음과 같이 사탕을 주고받았습니다.

1) A는 B, C에게 그들이 가지고 있던 사탕의 개수만큼 주었습니다.

2) B는 A, C에게 그들이 가지고 있던 사탕의 개수만큼 주었습니다.

3) C는 A, B에게 그들이 가지고 있던 사탕의 개수만큼 주었습니다.

사탕을 나누어 가진 후 세 사람이 각자 가지고 있는 사탕의 개수를 세어 보니 모두 24개씩이었습니다. 처음에 이들이 가지고 있던 사탕의 개수는 몇 개씩이었는지 구하시오.

A	B	C
24	24	24

풀이 36

정답

A	B	C
24	24	24
12	12	48
6	42	24
39	21	12

A − 39개,   B − 21개,   C −12개

500원, 100원, 50원, 10원, 5원, 1원의 동전을 각각 최소한 하나
씩은 사용하고 동전 15개로 750원을 만들어 보시오.

500원	1	1								
100원	1	1								
50원	1	1								
10원	1	1								
5원	1	2								
1원	10	9								
합계	675	679								

풀이 1

정답

500원	1	1							1
100원	1	1							1
50원	1	1							2
10원	1	1							3
5원	1	2							3
1원	10	9							5
합계	675	679							750

500원짜리 1개, 100원짜리 1개, 50원짜리 2개, 10원짜리 3개,
5원짜리 3개, 1원짜리 5개

네 자리 수 9999는 각 자리 숫자의 합이 36입니다. 그러면 네 자리의 수에서 각 자리 숫자의 합이 34인 수를 모두 구하시오.

순서	네 자리 수	각 자리 숫자의 합
1	7999	7 + 9 + 9 + 9 = 34
2		
3		
⋮		

(가지)

정답

순서	네 자리 수	각 자리 숫자의 합
1	7999	7 + 9 + 9 + 9 = 34
2	8899	8 + 8 + 9 + 9 = 34
3	8989	8 + 9 + 8 + 9 = 34
4	8998	8 + 9 + 9 + 8 = 34
5	9799	9 + 7 + 9 + 9 = 34
6	9889	9 + 8 + 8 + 9 = 34
7	9898	9 + 8 + 9 + 8 = 34
8	9979	7 + 9 + 9 + 9 = 34
9	9988	9 + 9 + 8 + 8 = 34
10	9997	9 + 9 + 9 + 7 = 34

네 자리 수에서 각 자리 숫자의 합이 34인 경우는 모두 10가지입니다.

90분 동안 계속되는 강의를 10분과 20분짜리 CD에 녹화하려고 합니다. 녹화하는 방법은 모두 몇 가지인지 구하시오.

강의 시간	10분	20분	30분						90분
가짓수									

A.

정답

강의 시간	10분	20분	30분	40분	50분	60분	70분	80분	90분
가지 수	1	2	3	5	8	13	21	34	55

+1 +1 +2 +3 +5 +8 +13 +21

55가지. 피보나치 수열의 규칙으로 늘어나고 있습니다.

호랑이는 발견한 먹잇감을 잡을 확률이 $\frac{2}{5}$이고, 놓칠 확률은 $\frac{3}{5}$입니다. 어느 날 호랑이가 세 번째로 발견한 먹이를 잡지 못할 확률을 구하시오. 잡을 경우는 ○표, 잡지 못할 경우는 ×표

첫 번째	두 번째	세 번째	확 률

A.

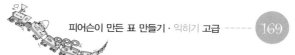

풀이 4

정답 $\frac{3}{5}$ 의 확률

풀이 호랑이가 세 번째로 발견한 먹이를 잡지 못하는 경우는 다음과 같습니다.

첫 번째	두 번째	세 번째	확 률
○	○	×	$\frac{2}{5} \times \frac{2}{5} \times \frac{3}{5} = \frac{12}{125}$
○	×	×	$\frac{2}{5} \times \frac{3}{5} \times \frac{3}{5} = \frac{18}{125}$
×	○	×	$\frac{3}{5} \times \frac{2}{5} \times \frac{3}{5} = \frac{18}{125}$
×	×	×	$\frac{3}{5} \times \frac{3}{5} \times \frac{3}{5} = \frac{27}{125}$

$$\frac{12}{125} + \frac{18}{125} + \frac{18}{125} + \frac{27}{125} = \frac{75}{125} = \frac{3}{5}$$

등산객 4명이 높은 산 협곡에서 조난을 당했습니다. 이들을 우선 안전한 산장으로 이동시켜야 하는데 등산객 4명은 지친 정도가 달라서 협곡에서 산장으로 가는 데 한 사람은 1시간, 다른 한 사람은 2시간, 또 다른 한 사람은 3시간, 마지막 한 사람은 4시간이 걸린다고 합니다. 그런데 구조대원은 한 사람 뿐이어서 한 번에 두 사람만 데리고 갈 수 있습니다. 그리고 산장에 도착해서는 도움을 받아야 하기 때문에 한 사람은 다시 데리고 가야 합니다. 이렇게 되풀이하여 4사람 모두 산장으로 옮기기 위해서는 최소한 몇 시간이 걸릴지 구하시오.

단, 등산객 4명을 걸리는 시간에 따라 ① ② ③ ④로 나타냅니다.

횟수	협곡	이동하기	산장	방 법	걸린 시간
처음	①②③④				
1					
2					

(총   시간이 소요된다.)

풀이 5

정답

횟수	협곡	이동하기	산장	방 법	걸린 시간
처음	①②③④				
1	③④	→	①②	①②만 데리고 산장으로 온다.	2
2	①③④	←	②	②를 두고 ①만 데리고 협곡으로 간다.	1
3	①	→	②③④	③④를 데리고 산장으로 온다.	4
4	①②	←	③④	③④를 두고 ②만 데리고 협곡으로 간다.	2
5		→	①②③④	①②를 데리고 산장으로 온다.	2

총 11 시간이 소요됩니다.

10L, 7L, 3L의 물통이 있는데, 10L의 물통에만 물이 가득 들어 있습니다.

이 세 개의 물통을 이용하여 10번 만에 5L씩으로 나눌 수 있는 방법을 구하시오.

횟수	10L	7L	3L
처음	10	0	0
1			
2			
3			
4			
5			
6			
7			
8			
9			
10			

풀이 6

정답

횟수	10L	7L	3L
처음	10	0	0
1	7	0	3
2	7	3	0
3	4	3	3
4	4	6	0
5	1	6	3
6	1	7	2
7	8	0	2
8	8	2	0
9	5	2	3
10	5	5	0

들이가 8L, 5L, 3L인 그릇이 3개 있습니다. 8L 들이 그릇에 가득 채워진 물을 3개의 그릇을 이용해서 4L씩 똑같이 나누려고 합니다. 다음의 표를 이용하여 구하시오.

횟수	8L 들이	5L 들이	3L 들이	방 법
처음	8	0	0	8L들이 그릇에 가득 채워져 있다.
⋮				

정답

횟수	8L 들이	5L 들이	3L 들이	방 법
처음	8	0	0	8L들이 그릇에 가득 채워져 있다.
1	3	5	0	8L들이의 물을 5L들이의 그릇에 가득 붓는다.
2	3	2	3	5L들이의 물을 3L들이의 그릇에 가득 붓는다.
3	6	2	0	3L들이의 물을 8L들이의 그릇에 모두 붓는다.
4	6	0	2	5L들이의 물을 3L들이의 그릇에 모두 붓는다.
5	1	5	2	8L들이의 물을 5L들이의 그릇에 가득 붓는다.
6	1	4	3	5L들이의 물을 3L들이의 그릇에 가득 붓는다.
7	4	4	0	3L들이의 물을 8L들이의 그릇에 모두 붓는다.

12L, 7L, 5L 들이 통이 있고 12L들이 통에만 우유가 가득 들어 있습니다.

7L, 5L 들이 통은 비어 있는데 친구에게 우유의 반인 6L를 정확하게 나누어 주려고 합니다. 가지고 있는 통을 이용하여 6L를 나누어 주는 방법을 구하시오.

횟수	12L 들이	7L 들이	5L 들이	방 법
처음	12	0	0	12L들이 통에 우유가 가득 채워져 있다.
1	5	7	0	12L들이 통의 우유를 7L 통에 가득 붓는다.
2				
3				
⋮				

정답

횟수	12L 들이	7L 들이	5L 들이	방법
처음	12	0	0	12L들이 통에 우유가 가득 채워져 있다.
1	5	7	0	12L들이 통의 우유를 7L들이 통에 가득 붓는다.
2	5	2	5	7L들이 통의 우유를 5L들이 통에 가득 붓는다.
3	10	2	0	5L들이 통의 우유를 12L들이 통에 모두 붓는다.
4	10	0	2	7L들이 통의 우유를 5L들이 통에 모두 붓는다.
5	3	7	2	12L들이 통의 우유를 7L들이 통에 가득 붓는다.
6	3	4	5	7L들이 통의 우유를 5L들이 통에 3L 붓는다.
7	8	4	0	5L들이 통의 우유를 12L들이 통에 모두 붓는다.
8	8	0	4	7L들이 통에 남아 있던 우유를 5L들이 통에 모두 붓는다.
9	1	7	4	12L들이 통의 우유를 7L들이 통에 가득 붓는다.
10	1	6	5	7L들이 통의 우유를 5L들이 통에 1L를 붓는다.

178 ----- 천재들이 만든 수학퍼즐 · 09

11L, 4L 들이 물통이 있고 물은 얼마든지 있다고 할 때, 2개의 물통을 이용하여 5L를 담는 방법을 구하시오.

횟수	4L 들이	11L 들이	3L 들이
처음	4	0	4L들이 통에 물을 가득 담는다.
1	0	4	4L 통의 물을 11L 통에 모두 담는다.
2			
3			
⋮			

풀이 9

정답

횟수	4L 들이	11L 들이	3L 들이
1	4	0	4L들이 통에 물을 가득 담는다.
2	0	4	4L 통의 물을 11L 통에 모두 담는다.
3	4	4	4L들이 통에 물을 가득 담는다.
4	0	8	4L 통의 물을 11L 통에 모두 담는다.
5	4	8	4L들이 통에 물을 가득 담는다.
6	1	11	4L 통의 물을 11L 통에 3L만큼 담는다.
7	1	0	11L 들이 통의 물을 모두 쏟아 버린다.
8	0	1	4L 통의 물을 11L 통에 1L만큼 담는다.
9	4	1	4L들이 통에 물을 가득 담는다.
10	0	5	4L 통의 물을 11L 통에 가득 담는다.

사육사가 사자, 늑대, 살쾡이, 뱀, 토끼를 강 건너로 실어 나르려고 합니다. 배는 한 척만 있고 사육사는 이 배로 두 가지 동물만 실어 나를 수 있습니다. 사육사가 없으면 사자는 늑대를, 늑대는 살쾡이를, 살쾡이는 뱀을, 뱀은 토끼를 잡아먹습니다. 모두 무사히 강 건너로 실어 나를 수 있는 방법을 구하시오.

횟수	A	방향	B	방 법
처음	사자, 늑대, 살쾡이, 뱀, 토끼			
1	사자, 살쾡이, 토끼	→	늑대, 뱀	늑대와 뱀을 싣고 건너간다.
2		→		
3				
⋮				

풀이 10

정답

횟수	A	방향	B	방법
처음	사자, 늑대, 살쾡이,뱀, 토끼			
1	사자, 살쾡이, 토끼	→	늑대, 뱀	늑대와 뱀을 싣고 건너간다.
2	사자, 살쾡이, 토끼	←	늑대, 뱀	사육사 혼자 건너온다.
3	토끼	→	사자,늑대, 살쾡이,뱀	사자와 살쾡이를 싣고 건너간다.
4	토끼, 늑대, 뱀	←	사자, 살쾡이	늑대와 뱀을 싣고 건너온다.
5	늑대, 뱀	→	사자, 살쾡이, 토끼	토끼를 싣고 건너간다.
6	늑대, 뱀	←	사자, 살쾡이, 토끼	사육사 혼자 건너온다.
7		→	사자, 늑대, 살쾡이,뱀, 토끼	늑대와 뱀을 싣고 건너간다.

철수, 민희, 윤희는 모두 합해서 13개의 구슬을 가지고 있습니다. 철수는 빨간 구슬을 2개 가지고 있고 민희는 파란 구슬만 4개 가지고 있습니다. 윤희는 민희보다 구슬을 1개 더 가지고 있는데 그 중에서 노란 구슬이 2개입니다. 세 사람이 가지고 있는 구슬 중에서 빨간 구슬은 모두 4개이고, 노란 구슬도 모두 4개입니다. 세 사람은 각각 어떤 구슬을 몇 개씩 가지고 있는지 표를 만들어서 구하시오.

A.

풀이 11

정답

	철수	민희	윤희
빨간 구슬	2	0	2
파란 구슬	0	4	1
노란 구슬	2	0	2
합계 13개	4	4	5

영진, 민주, 진식이네 집에 있는 인형을 모두 합하면 12개입니다. 영진이는 곰 인형과 아기 인형을 1개씩 가지고 있고 진식이는 아기 인형만 3개 가지고 있습니다. 그런데 진식이는 민주보다 인형을 2개 덜 가지고 있습니다.

민주는 곰 인형과 강아지 인형을 2개씩 가지고 있습니다. 세 사람은 각각 어떤 인형을 몇 개씩 가지고 있는지 표를 그려서 구하시오.

정답

	영진	민주	진식
곰 인형	1	2	0
아기 인형	1	1	3
강아지 인형	2	2	0
합계 12개	4	5	3

영구는 400원 짜리 로봇 인형을 사기 위하여 동전을 모으기로 하였습니다. 영구가 모을 수 있는 동전은 100원짜리, 50원짜리, 10원짜리입니다.

동전을 모으는 방법에는 모두 몇 가지가 있는지 표를 이용하여 구하시오.

(가지)

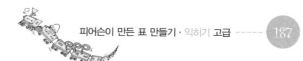

풀이 13

정답 25가지

100원	4	3	3	3	2	2	2	2	2	1	1	1
50원	0	2	1	0	4	3	2	1	0	6	5	4
10원	0	0	5	10	0	5	10	15	20	0	5	10
합	400	400	400	400	400	400	400	400	400	400	400	400

1	1	1	1	0	0	0	0	0	0	0	0	0
3	2	1	0	8	7	6	5	4	3	2	1	0
15	20	25	30	0	5	10	15	20	25	30	35	40
400	400	400	400	400	400	400	400	400	400	400	400	400

3가지 동전으로 400원을 모을 수 있는 방법은 모두 25가지입니다.

다음과 같은 과녁이 있습니다. 화살을 세 번 쏘아서 모두 과녁을 맞힐 때 세 번 쏜 화살 점수에는 몇 가지가 있는지 표를 그려서 구하시오.

(가지)

풀이 14

정답 20가지

7점	3	2	2	2	1	1	1	1	1	1
5점	0	1	0	0	2	1	1	0	0	0
3점	0	0	1	0	0	1	0	2	1	0
1점	0	0	0	1	0	0	1	0	1	2
합계	21	19	17	15	17	15	13	13	11	9

7점	0	0	0	0	0	0	0	0	0	0
5점	3	2	2	1	1	1	0	0	0	0
3점	0	1	0	2	1	0	3	2	1	0
1점	0	0	1	0	1	2	0	1	2	3
합계	15	13	11	11	9	7	9	7	5	3

다음 그림은 직사각형을 3개 연결한 모양입니다. 직사각형 하나의 둘레의 길이는 16cm이고, 직사각형을 세 개 연결했을 때 정사각형이 된다고 합니다.

직사각형을 여섯 개 연결했을 때의 둘레의 길이는 얼마인지 표를 이용하여 구하시오.

직사각형의 개수	둘레의 길이
1개	16 =
2개	
3개	
4개	
5개	
6개	

풀이 15

정답

직사각형의 개수	둘레의 길이
1개	16 = 2×8
2개	20 = 2×10
3개	24 = 2×12
4개	28 = 2×14
5개	32 = 2×16
6개	36 = 2×18

직사각형 1개의 세로의 길이는 2cm입니다.

12월의 월요일들의 날짜들의 합이 62입니다. 그렇다면 이 해의
마지막 날은 무슨 요일인지 구하시오.

요일	일	월	화	수	목	금	토
날짜의 합		62					

(요일)

풀이 16

정답

요일	일	월	화	수	목	금	토
					1	2	3
	4	5	6	7	8	9	10
	11	12	13	14	15	16	17
	18	19	20	21	22	23	24
	25	26	27	28	29	30	31
날짜의 합		62					

12월 31일은 토요일입니다.

[문제 17] – 6교시

8L, 5L, 3L 들이 물통이 각각 한 개씩 있습니다. 8L들이 물통에만 물이 가득 차 있고 나머지 두 통은 비어 있습니다. 7번 만에 8L들이 물통의 물을 4L씩 나누는 방법을 구하시오.

순서	8L	5L	3L
처음	8	0	0
1	3	5	0
2			
3			
4			
5			
6			
7			

정답

순서	8L	5L	3L
처음	8	0	0
1	3	5	0
2	3	2	3
3	6	2	0
4	6	0	2
5	1	5	2
6	1	4	3
7	4	4	0

어느 상점에는 (1), (2), (3) 3개의 진열대가 있습니다. 9월 1일에 (1), (2), (3)에 진열된 상품은 각각 A, B, C입니다. 9월 2일부터 아래의 규칙에 따라 상품을 진열할 때, 같은 해 9원 30일에 진열될 상품을 구하시오.

규칙 1 : 홀수 날에는 전날 (1)에 진열되었던 상품을 (2)로, (2)에 진열되었던 상품을 (3)으로, (3)의 상품을 (1)로 옮겨 진열한다.

규칙 2 : 짝수 날에는 전날 (2)와 (3)에 진열되었던 상품을 서로 바꾸어 진열한다.

날짜	(1)	(2)	(3)
9월 1일			
9월 2일			
9월 3일			
9월 4일			
9월 5일			
⋮			
9월 30일			

정답

날짜	(1)	(2)	(3)
9월 1일	A	B	C
9월 2일	A	C	B
9월 3일	B	A	C
9월 4일	B	C	A
9월 5일	A	B	C
⋮	⋮	⋮	⋮
9월 30일	A	C	B

4일 단위로 반복되기 때문에 9월 30일에는 $30 \div 4 = 7 \cdots 2$ 이므로
A C B 순서로 진열된다.

아래의 그림과 같은 모양의 통로에서 P에 공을 넣으면 1, 2, 3, 4, 5로 나올 수 있는 경우의 수를 모두 구하시오.

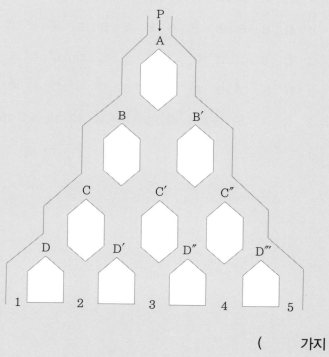

(가지)

정답

A	A	A	A	A	A	A	A	A	A	A	A	A	A	A	A
B	B	B	B	B	B	B	B	B′	B′	B′	B′	B′	B′	B′	B′
C	C	C	C	C′	C′	C′	C′	C′	C′	C′	C′	C″	C″	C″	C″
D	D	D′	D′	D′	D′	D″	D″	D′	D′	D″	D″	D′	D″	D‴	D‴
1	2	3	4	5	6	7	8	9	10	11	12	13	14	15	16

96명의 군인들이 한 줄로 서서 급식을 기다리고 있습니다. 각자에게 순서대로 1번, 2번, 3번,……, 96번까지 번호를 붙인 다음 1번, 3번, 5번,……, 93번, 95번이 먼저 급식을 하고, 그 다음으로 2번, 6번, 10번,……이 급식을 합니다. 이와 같은 방법으로 급식을 한다면 제일 마지막에 식사를 하게 되는 군인은 몇 번인지 구하시오.

첫 번째	1̸, 2, 3̸, 4, 5̸, …… , 9̸5̸, 96
두 번째	2̸, 4, 6̸, 8, 1̸0̸, …… , 9̸4̸, 96
세 번째	
네 번째	
다섯 번째	
여섯 번째	

(번째 군인)

풀이 20

정답

첫 번째	1̸, 2, 3̸, 4, 5̸, ······ , 9̸5̸, 96
두 번째	2̸, 4, 6̸, 8, 1̸0̸, ······ , 9̸4, 96
세 번째	4̸, 8, 1̸2̸, 16, 2̸0̸, ······ , 9̸2, 96
네 번째	8̸, 16, 2̸4̸, 32, 4̸0̸, ······ , 8̸8̸, 96
다섯 번째	1̸6̸, 32, 4̸8̸, 64, 8̸0̸, 96
여섯 번째	3̸2̸, 64, 9̸6̸

64 번째 군인이 제일 마지막에 식사를 하게 됩니다.

1과 2가 쓰인 숫자 카드가 여러 장 있습니다. 이 중에서 4장을 뽑아 네 자리 수를 만들 때, 만들 수 있는 수를 모두 더하면 얼마가 되는지 구하시오.

천의 자리	1								
백의 자리	1								
십의 자리	1								
일의 자리	1								
네 자리 수	1111								

𝐴.

정답 **26664**

천의 자리	1	1	1	1	2	1	1	2	1	2	2	1	2	2	2	2
백의 자리	1	1	1	2	1	1	2	1	2	1	2	2	1	2	2	2
십의 자리	1	1	2	1	1	2	1	1	2	2	1	2	2	1	2	2
일의 자리	1	2	1	1	1	2	2	2	1	1	1	2	2	2	1	2
네 자리 수	1111	1112	1121	1211	2111	1122	1212	2112	1221	2121	2211	1222	2122	2212	2221	2222

일의 자리의 합 : $(1 \times 8)+(2 \times 8)=24$

십의 자리의 합 : $(10 \times 8)+(20 \times 8)=240$

백의 자리의 합 : $(100 \times 8)+(200 \times 8)=2400$

천의 자리의 합 : $(1000 \times 8)+(2000 \times 8)=24000$

시계의 큰 바늘은 1분에 6°를 돌고, 작은 바늘은 1분에 0.5°를 돕니다. 지금 시각은 오후 4시입니다. 몇 분 후에 큰 바늘과 작은 바늘 사이의 각도가 12°가 되는지 구하시오. 단, 가장 빠른 시각을 구하시오.

A.

정답

각도 \ 분	1분	2분	3분	4분	5분	6분	7분	8분	9분	10분	11분
큰 바늘 각도	6	12	18	24	30	36	42	48	54	60	6
작은 바늘 각도	0.5	1	1.5	2	2.5	3	3.5	4	4.5	5	5.5
각도의 차	5.5	11	16.5	22	27.5	33	38.5	44	49.5	55	0.5

12분	13분	14분	15분	16분	17분	18분	19분	20분	21분	22분	23분	24분
12	18	24	30	36	42	48	54	60	6	12	18	24
6	6.5	7	7.5	8	8.5	9	9.5	10	10.5	11	11.5	12
6	11.5	17	22.5	28	33.5	39	44.5	50	3.5	1	6.5	12

큰 바늘과 작은 바늘의 사이의 각도가 12°가 되는 시각은 오후 4시 24분입니다.

모양이 똑같은 8개의 금반지가 있습니다. 그 중에서 1개는 가짜이고, 이 가짜는 진짜보다 가볍습니다. 양팔 저울을 몇 번 이용하면 가짜 금반지를 찾아낼 수 있는지 알아보시오. 금반지에 ①번부터 ⑧번까지 번호를 붙입니다.

1회	2회	가짜 금반지
① ② ③ = ④ ⑤ ⑥	⑦ 〉 ⑧	⑧
	⑦ 〈 ⑧	⑦

풀이 23

정답

1회	2회	가짜 금반지
① ② ③ = ④ ⑤ ⑥	⑦ > ⑧	⑧
	⑦ < ⑧	⑦
① ② ③ < ④ ⑤ ⑥	④ = ⑤	⑥
	④ > ⑤	⑤
	④ < ⑤	④
① ② ③ > ④ ⑤ ⑥	① = ②	③
	① > ②	②
	① < ②	①

9개의 다이아몬드가 있는데 그 중 하나는 가짜입니다. 모양과 크기는 진짜와 같지만 무게가 진짜보다 가볍다고 할 때, 양팔 저울을 2번만 사용하여 가짜 다이아몬드를 찾아낼 수 있는 방법을 구하시오. 단, 9개의 다이아몬드에 ①부터 ⑨까지 번호를 붙입니다.

1회	2회	가짜 금반지

정답

1회	2회	가짜 금반지
① ② ③ = ④ ⑤ ⑥	⑦ = ⑧	⑨
	⑦ > ⑧	⑧
	⑦ < ⑧	⑦
① ② ③ > ④ ⑤ ⑥	① = ②	③
	① > ②	②
	① < ②	①
① ② ③ < ④ ⑤ ⑥	④ = ⑤	⑥
	④ > ⑤	⑤
	④ < ⑤	④

우리 집 앞에 다음과 같은 색깔의 자동차들이 나란히 주차되어 있습니다.

각각의 자동차들이 어떤 차례로 주차되어 있는지 알아보시오.

1) 검정색 자동차는 첫 번째가 아닙니다.

2) 은색 자동차는 파란색 자동차와 흰색 자동차 사이에 있습니다.

3) 파란색 자동차는 검정색 자동차와 은색 자동차 사이에 있습니다.

순서 색깔	첫 번째	두 번째	세 번째	네 번째
파란색				
은색				
하얀색				
검정색				

풀이 25

정답

순서 색깔	첫 번째	두 번째	세 번째	네 번째
파란색	×	×	○	×
은색	×	○	×	×
하얀색	○	×	×	×
검정색	×	×	×	○

첫 번째 – 하얀색, 두 번째 – 은색,

세 번째 – 파란색, 네 번째 – 검정색

지훈, 아름, 정환, 하늘이는 나이가 서로 다르며 각각 14살, 15살, 16살, 17살입니다. 다음의 사실을 바탕으로 각자의 나이를 알아 보시오.

1) 정환이는 하늘이 보다 나이가 많고, 지훈이 보다는 어리다.
2) 아름이는 정환이 보다 어리고, 하늘이 보다는 나이가 많다.

나이 이름	14살	15살	16살	17살
지훈				
아름				
정환				
하늘				

정답

이름 \ 나이	14살	15살	16살	17살
지훈	×	×	×	○
아름	×	○	×	×
정환	×	×	○	×
하늘	○	×	×	×

지훈 – 17살, 아름 – 15살, 정환 – 16살, 하늘 – 14살

A, B, C, D, E 다섯 사람이 수학 시험을 보았습니다. 시험 결과 점수가 같은 사람은 없으며 1등부터 5등까지 순서가 정해졌습니다. 각자의 등수를 물었더니 다음과 같이 대답하였습니다.

단, B, C두 사람만 거짓말을 하였고 다른 사람들은 참말을 하였다면 각자의 등수는 어떠한지 구하시오.

A : 나는 1등도 3등도 아니다.

B : 나는 1등도 2등도 아니다.

C : 나는 3등 또는 4등이다.

D : 나는 A, C보다 성적이 나쁘다.

E : 나는 C보다 성적이 나쁘지만 A보다는 좋았다.

등수＼사람	A	B	C	D	E
1등					
2등					
3등					
4등					
5등					

풀이 27

정답

등수 \ 사람	A	B	C	D	E
1등	×	○	×	×	×
2등	×	×	○	×	×
3등	×	×	×	×	○
4등	○	×	×	×	×
5등	×	×	×	○	×

1등 – B, 2등 – C, 3등 – E, 4등 – A, 5등 – D

다음의 네 사람에 대한 진술을 생각해 봅시다.

1. 그들의 이름은 준식, 혁수, 영진, 재원이입니다.
2. 그들 가운데 둘은 남자이고 둘은 여자입니다.
3. 그들의 직업은 선생님, 의사, 사업가, 회사원입니다.
4. 혁수는 의사의 아들입니다.
5. 의사는 사업가의 아들입니다.
6. 영진은 여자가 아닙니다.
7. 재원이와 회사원은 남매입니다.
8. 준식이는 선생님이 아닙니다.

위의 네 사람의 직업은 각각 무엇입니까? 그리고 누가 남자이고 누가 여자인가요? 표를 그려서 구해보시오.

풀이 28

정답

사람 \ 성별·직업	남여	선생님	의사	사업가	회사원
준식	여	×	×	○	×
혁수	남	×	×	×	○
응건	남	×	○	×	×
재원	여	○	×	×	×

준식 – 사업가 – 여, 혁수 – 회사원 – 남,

영진 – 의사 – 남, 재원 – 선생님 – 여

[문제 29] – 9교시

선호와 해준이는 남자이고 경숙이와 경아는 여자입니다. 그리고 이들의 성은 홍, 서, 최, 신이고 이들의 태어난 달은 같은 해의 4월, 5월, 6월, 7월입니다. 다음의 사실을 바탕으로 각자의 성명과 태어난 달을 알아보시오.

1) 경숙이는 신 군보다 뒤에 태어났고, 경아보다는 먼저 태어났다.
2) 해준이는 홍 양보다 먼저 태어났으나 서 군보다는 뒤에 태어났다.
3) 최 양은 가장 뒤에 태어나지 않았고 신 군은 가장 앞에 태어나지 않았다.

	홍	서	최	신	4월	5월	6월	7월
선호								
해준								
경숙								
경아								
4월								
5월								
6월								
7월								

풀이 29

정답

	홍	서	최	신	4월	5월	6월	7월
선호	×	○	×	×	○	×	×	×
해준	×	×	×	○	×	○	×	×
경숙	×	×	○	×	×	×	○	×
경아	○	×	×	×	×	×	×	○
4월	×	○	×	×				
5월	×	×	×	○				
6월	×	×	○	×				
7월	○	×	×	×				

서선호 – 4월, 신해준 – 5월, 최경숙 – 6월, 홍경아 – 7월

김, 이, 박씨 성을 가진 세 사람이 은평구, 종로구, 서초구에 삽니다. 이들의 직업은 의사, 기자, 변호사입니다. 이 세 사람의 성과 직업 그리고 어느 지역에서 살고 있는지 다음 설명을 바탕으로 알아보시오.

1) 김씨는 은평구에 살지 않고 의사도 아닙니다.

2) 이씨는 종로구에서 살지 않습니다.

3) 은평구에서 사는 사람은 의사가 아닙니다.

4) 종로구에서 사는 사람은 기자입니다.

5) 이씨는 변호사가 아닙니다.

	의사	기자	변호사	은평구	종로구	서초구
김						
이						
박						
은평구			
종로구			
서초구			

정답

	의사	기자	변호사	은평구	종로구	서초구
김	×	○	×	×	○	×
이	○	×	×	×	×	○
박	×	×	○	○	×	×
은평구	×	×	○			
종로구	×	○	×			
서초구	○	×	×			

김 – 기자 – 종로구

이 – 의사 – 서초구

박 – 변호사 – 은평구

기성, 기환, 한결, 솔빈이의 성은 김, 장, 박, 홍입니다. 이들의 집은 일렬로 이어져 있고 앞쪽부터 1, 2, 3, 4호의 번호가 붙어 있습니다. 다음 사실을 바탕으로 각자의 성명과 집의 위치를 구하시오.

1) 홍 씨의 집은 박 씨의 집 바로 앞입니다.
2) 장 씨의 집은 김 씨의 집 바로 뒤에 있으나 한결이의 집보다는 앞에 있습니다.
3) 솔빈이의 집은 첫째가 아니고 기성이의 집보다는 앞에 있습니다.
4) 한결이는 솔빈이의 옆집에 살고 있지 않습니다.

	김	장	박	홍	1호	2호	3호	4호
기성								
기환								
한결								
솔빈								
1호								
2호								
3호								
4호								

정답

	김	장	박	홍	1호	2호	3호	4호
기성	×	×	×	○	×	×	○	×
기환	○	×	×	×	○	×	×	×
한결	×	×	○	×	×	×	×	○
솔빈	×	○	×	×	×	○	×	×
1호	○	×	×	×				
2호	×	○	×	×				
3호	×	×	×	○				
4호	×	×	○	×				

기성 – 홍 – 3호, 기환 – 김 – 1호,
한결 – 박 – 4호, 솔빈 – 장 – 2호

해준, 태현, 성재, 양진, 종민이는 5층 빌라 각 층에 살고 있습니다. 각 층에 사는 사람이 누구인지 알아보시오.

- 해준이는 5층에 살지 않는다.
- 태현이는 1층에 살지 않는다.
- 성재는 1층과 5층에 살지 않는다.
- 양진이는 태현이 보다 위층에 산다.
- 성재와 태현이는 서로 위아래 층에 살지 않는다.
- 종민이와 성재는 서로 위아래 층에 살지 않는다.

각 층 \ 사람	해준	태현	성재	양진	종민
5층					
4층					
3층					
2층					
1층					

풀이 32

정답

	해준	태현	성재	양진	종민
5층	×	×	×	○	×
4층	×	×	○	×	×
3층	○	×	×	×	×
2층	×	○	×	×	×
1층	×	×	×	×	○

1층– 종민, 2층– 태현, 3층– 해준,
4층– 성재, 5층– 양진

[문제 33] – 11교시

A, B, C, D 네 사람이 가진 돈을 모두 합해 보았더니 1000원이었습니다.

A가 B에게 20원을 주고, B가 C에게 50원을 주고, C가 D에게 60원을 주고, D가 A에게 80원을 주면 네 사람이 가진 돈이 똑같게 됩니다.

네 사람이 원래 가지고 있던 돈은 각각 얼마인지 구하시오.

	A	B	C	D
	250	250	250	250
D가 A에게 80원을 줌				

정답

	A	B	C	D
	250	250	250	250
D가 A에게 80원을 줌	170	250	250	330
C가 D에게 60원을 줌	170	250	310	270
B가 C에게 50원을 줌	170	300	260	270
A가 B에게 20원을 줌	190	280	260	270

A −190원, B − 280원, C − 260원, D − 270원

영수는 집에서 은행까지 가려고 합니다. 첫 번째에는 전체 거리의 절반보다 3km를 더 가고, 두 번째에는 나머지의 절반보다 2km를 더 가고, 세 번째에는 나머지의 절반보다 1km를 더 가면 은행까지 8km가 남습니다. 영수 집에서 은행 사이의 거리는 몇 km인지 다음 표에서 구하시오.

	집에서 은행까지의 거리
남은 거리	8km
세 번째	
두 번째	
첫 번째	

정답

	집에서 은행까지의 거리
남은 거리	8km
세 번째	(8+1)×2=18
두 번째	(18+2)×2=40
첫 번째	(40+3)×2=86

영수네 집에서 은행 사이의 거리는 86km입니다.

경민, 정환, 윤미에게는 각각 1004장의 카드가 있습니다. 처음에는 경민이가 정환이에게 1장의 카드를 주고, 둘째 번에는 정환이가 윤미에게 2장의 카드를 주고, 셋째 번에는 윤미가 경민이에게 3장의 카드를 줍니다.

이와 같은 방법으로 1004째 번까지 카드를 서로에게 줄 때 카드를 가장 많이 갖게 되는 사람은 누구이며 몇 장을 갖게 되는지 구하시오.

	경민	정환	윤미
원래 가지고 있던 카드 수	1004	1004	1004
첫 번째	1003	1005	1004
두 번째			
세 번째			
네 번째			
다섯 번째			
여섯 번째			
일곱 번째			
여덟 번째			

풀이 35

정답

	경민	정환	윤미
원래 가지고 있던 카드 수	1004	1004	1004
첫 번째	1003	1005	1004
두 번째	1003	1003	1006
세 번째	1006	1003	1003
네 번째	1002	1007	1003
다섯 번째	1002	1002	1008
여섯 번째	1008	1002	1002
일곱 번째	1001	1009	1002
여덟 번째	1001	1001	1010
아홉 번째	1010	1001	1001

윤미. 1674장

김, 박, 송, 이는 프로 축구단의 축구선수들입니다. 그들은 골키퍼, 수비수, 공격수, 그리고 후보 선수입니다. 이름은 성호, 진식, 회수, 용식입니다.

다음의 단서를 이용하여 각자의 성명과 위치를 알아보시오.

1) 성호와 김 군, 그리고 공격수는 모두 같이 만나 영화를 보았습니다.

2) 진식이와 송 군은 대학을 졸업했으나 수비수와 공격수는 고등학교를 졸업하고 바로 프로선수가 된 사람들입니다.

3) 이 군과 용식이는 오늘 경기에서 각각 한 골씩을 넣었습니다.

4) 회수의 아내는 골키퍼의 아내에게 같이 시합을 보러 가자고 했습니다.

정답

	김	박	송	이	골키퍼	수비수	공격수	후보
성호	×	×	×	○	×	○	×	×
진식	○	×	×	×	○	×	×	×
회수	×	×	○	×	×	×	×	○
용식	×	○	×	×	×	×	○	×
골키퍼	○	×	×	×				
수비수	×	×	×	○				
공격수	×	○	×	×				
후보	×	×	○	×				

이 – 성호 – 수비수, 김 – 진식 – 골키퍼,
송 – 회수 – 후보선수, 박 – 용식 – 공격수